AF347110

LA VOLIERE

de la

JEUNESSE

ou

*Cours complet d'Étude sur l'histoire naturelle del'
Oiseaux, Classés selon la Méthode de M. CUVIER,
avec la manière de les élever, de les nourrir, &c.*

Suivi d'un traité sur l'art de les empailler.

*Ouvrage rédigé d'après l'histoire naturelle de Buffon, ou l'on à
conservé les morceaux les plus brillans de ce grand Ecrivain.*

Ornée de 64 Planches en taille-douce.

Tome 2.

A PARIS

Chez Chevalier, Libraire, Rue Hautefeuille, N.º 3.

1817

Promerops à Ventre rayé.
Fournier.
Huppe.
Guêpier.
Engoulevent.
Engoulevent acutipenne.
Patirich.

LA VOLIÈRE

DE LA

JEUNESSE.

~~~~~~~~~~~~~~~~~~~~~~~~~~~~~~~~~

LES MANAKINS. (pl. 32.)

Famille des Passereaux subulirostres.

Ces oiseaux, qui se rapprochent un peu des mésanges, sont petits et fort jolis ; les plus grands ne sont pas si gros qu'un moineau franc ; leur bec est court, droit, comprimé par les côtés vers le bout ; ils ont la mandibule supérieure un peu plus longue que la mandibule inférieure. Tous ont la queue courte et coupée quarrément. Ils habitent les grands bois des climats chauds de l'Amérique et n'en sortent jamais pour aller dans les lieux découverts. Entre les diverses espèces de manakins, on distingue le *tijé* ou *grand manakin* huppé. Cet oiseau est à peu près de la grosseur d'un moineau : sa tête porte une espèce de huppe
~~~~~~~~~~~~~~~~~~~~~~~~~~~~~~~~~

d'un beau rouge ; le dos et les petites couvertures des ailes sont d'un beau bleu ; le reste du
plumage est d'un noir velouté ; le bec est noir
et les pieds rouges.

Le CASSE-NOISETTE est assez commun à la
Guyane : son cri imitant le bruit du petit
outil avec lequel nous cassons les noisettes,
lui a fait donner le nom qu'il porte. Son
plumage est noir sur la tête, le dos, les ailes
et la queue, et blanc sur tout le reste du corps.

Le MANAKIN ROUGE. Le mâle dans cette
espèce, est d'un beau rouge vif sur la tête,
le cou, le dessus du dos ; orangé sur le front,
les côtés de la tête, la gorge et le haut des
ailes ; le reste du corps est noir. La femelle
est d'une couleur olivâtre. Cette espèce est à
la Guyane la plus commune de toutes celles
des manakins.

Le PLUMET BLANC (pl. 32) forme une
espèce très-voisine du manakin. Il est remarquable par sa huppe blanche et par sa longue
queue.

LE COQ DE ROCHE.

*Famille des Passereaux subulirostres, genre
des Manakins.*

Le coq de roche est l'un des plus beaux

Cordon bleu
Coq de Roche du Perou
Coq de Roche
Cotinga blanc
Larada
Grand Befroi
Coraya
Fourmillier

oiseaux d'Amérique; sa grosseur est celle d'un pigeon; sa queue très-courte est coupée carrément; il a le bec court et robuste; le corps d'un jaune safrané éclatant; sur la tête il porte une belle huppe en forme de crête et dont les bords sont rouges. C'est cette crête et son habitude de nicher dans les rochers, qui le font appeler coq de roche. Il habite ordinairement les cavernes les plus profondes et les plus obscures. Il se nourrit de graines et de fruits. Quoique vif et farouche on peut l'apprivoiser.

Le COQ DE ROCHE DU PÉROU (pl. 32) paraît être une variété de celui-ci. Sa queue est plus longue et sa huppe moins élevée. Au lieu d'être jaune safrané partout, il a les ailes et la queue noires et le croupion d'une couleur cendrée.

LES COTINGAS.

Famille des Passereaux crénirostres.

Il est peu d'oiseaux d'un aussi beau plumage que les cotingas : tous ceux qui ont eu occasion de les voir en ont été comme éblouis et n'en parlent qu'avec admiration. On voit briller sur leur magnifique parure toutes les nuances de bleu, de violet, de rouge, de pourpre, de blanc pur, de noir velouté, tantôt assorties et rapprochées par les gradations les plus suivies, tantôt opposées et contrastées avec une entente admirable; mais presque toujours multipliées par des reflets sans nombre.

Toutes les espèces qui composent la brillante famille des cotingas, appartiennent à l'Amérique. Ils se tiennent ordinairement au bord des criques, dans les lieux marécageux. Ils trouvent en abondance, sur les palétuviers qui croissent dans ces sortes d'endroits, les insectes dont ils se nourrissent. Ils se jettent sur les rizières et y causent un dégât considérable.

La grandeur des différentes espèces varie depuis celle d'un petit pigeon à celle du mauvis et même au-dessous : toutes ont le bec aplati horizontalement à sa base.

Parmi ces espèces on distingue :

Le CORDON BLEU (pl. 34). Un bleu éclatant règne sur le dessus du corps, de la tête et du cou ; sur le croupion, les couvertures supérieures de la queue et les petites couvertures des ailes. Un bleu pourpre violet règne sur la gorge, le cou, la poitrine et une partie des jambes jusqu'au ventre : sur le fond on voit se dessiner à l'endroit de la poitrine, une ceinture du même bleu que celui du dos, et qui a valu à cette espèce le nom de cordon bleu .

LE COTTINGA BLANC ou *guira-panga* (pl. 34). Le plumage du mâle est absolument blanc. Sur le bec il porte une espèce de caroncule analogue à celle du dindon , mais recouverte de petites plumes blanches. Le plumage de la femelle est mêlé d'olivâtre, de gris et de jaune.

On remarque aussi le *pompadour* ou *pa-capac* , dont le magnifique plumage est d'un pourpre éclatant et lustré. Il appartient à la Guyane.

LES FOURMILIERS.

Famille des Passereaux crénirostres.

Dans les terres basses, humides et mal peuplées du Continent de l'Amérique méridionale, les reptiles et les insectes semblent dominer, par le nombre, sur toutes les autres espèces vivantes. Il y a dans la Guyane et au Brésil des fourmis en si grand nombre que pour en avoir une idée il faut se figurer des fourmilières aussi hautes que les meules de

foin, de vingt pieds au moins de diamètre et
bien plus multipliées que celles d'Europe,
car il y en a cent fois davantage dans les
terres désertes de la Guyane que dans aucune
contrée de notre Continent. Le nombre des
fourmis est si prodigieux, qu'elles tracent
dans les bois des chemins de quelques pieds
de largeur, souvent dans une étendue de plú-
sieurs lieues. Heureusement le nature a placé
dans ces climats des quadrupèdes et des oiseaux qui semblent être faits exprès pour se
nourrir de fourmis ; les premiers sont les ta-
manoirs, les tamanduas ; les seconds composent le genre des fourmiliers.

Ces oiseaux ne ressemblent à aucun oiseau
d'Europe ; ils ont le bec droit et allongé ; la
mandibule supérieure un peu plus longue
que l'inférieure se recourbe à son extrémité;
la langue courte est garnie de petits filets cartilagineux. En général, les fourmiliers se tiennent en troupes ; tous ont les ailes et la queue
fort courtes, ce qui les rend peu propres au vol;
elles ne leur servent que pour courir et sauter
légèrement sur quelques branches peu élevées;
on ne les voit jamais voler en plein air. Leur
voix a en général quelque chose d'extraordinaire. Les fourmiliers n'habitent que les lieux

déserts et où abondent les fourmis dont ils font leur principale nourriture. Ils construisent avec des herbes sèches grossièrement entrelacées, des nids qu'ils suspendent sur des arbrisseaux à deux ou trois pieds au-dessus de terre : les femelles y déposent trois à quatre œufs presque ronds. La chair de ces oiseaux n'est pas bonne à manger ; elle a un goût huileux et désagréable.

Parmi les espèces de fourmiliers, on distingue :

Le ROI DES FOURMILIERS (pl. 34). Celui-ci est le plus rare de tous les oiseaux de ce genre. Comme il est presque toujours seul parmi les autres qui sont en nombre et qu'il est plus grand qu'eux, on lui a donné le nom de roi des fourmiliers. Il est roux-brun sur le dos ; le dessous du corps est varié de roux-brun, de noirâtre et de blanc. Il a environ sept pouces et demi de longueur depuis l'extrémité du bec jusqu'au bout de la queue.

Le GRAND BEFROI (pl. 34). Il est un peu plus petit que le précédent ; on le reconnaît au son singulier qu'il fait entendre le matin et le soir ; il est semblable à celui d'une cloche qui sonne l'alarme. Sa voix est si forte qu'on peut l'entendre à une grande distance, et on a peine à s'imaginer qu'elle soit produite par un oiseau de si petite taille; ces sons aussi précipités que ceux d'une cloche sur laquelle on frappe rapidement, se font entendre pendant une heure environ.

L'ARADA (pl. 34). Cet oiseau est solitaire: il se perche sur les arbres et ne descend à terre que pour prendre des fourmis et autres insectes dont il fait sa nourriture. Son ramage aussi varié que mélodieux, ressemble aux sons d'une flûte douce, et l'emporte, dit-on, sur celui du rossignol. Cet oiseau a, outre son chant, une espèce de sifflet qui imite si parfaitement celui d'un homme qui en appelle un autre, que les voyageurs y sont souvent trompés et s'égarent en suivant le sifflet, qui s'éloigne à mesure qu'on s'en approche. L'arada fuit les lieux habités. Son plumage est terne et sombre.

LE CORRAYA OU FOURMILIER-ROSSIGNOL (p. 43). Le corraya a le bec et les pieds des fourmiliers, mais par sa longue queue il se rapproche du rossignol. Le dessus du corps est d'un brun-roux ; le dessous du corps est cendré ou roussâtre ; la gorge et le devant du cou sont blancs.

Magoua
Gobe mouche
Agami
Moucherolle
Roi des Gobes Mouches
Gobe Mouche de Lorraine.
Drongo
Grand Tyran
Soui

L'AGAMI.

Famille des Echassiers brévirostres.

Cet oiseau, que l'on trouve en Amérique, a environ vingt-deux pouces de longueur; son bec, qui ressemble à celui des gallinacés, est conique; sa langue est plate et déchiquetée. Sa queue est très-courte; ses pieds ont trois doigts. L'agami est porté sur de longues jambes; sa démarche ressemble à celle de la grue. Son plumage est noir sur la partie supérieure du dos, et sur le dessus du corps et du cou, roussâtre sur le bas du dos, et cendré sur les grandes pennes des ailes et de la queue. Le bas du cou et la poitrine sont couverts d'une belle plaque d'un vert éclatant.

L'agami possède une propriété singulière : c'est de faire entendre, par intervalles, un bruit sourd, qui paraît sortir par l'anus, ce qui l'a fait surnommer *oiseau-trompette*, et qui lui a mérité le nom latin de *crepitans* : mais ce son ne vient pas de l'anus; il se forme dans l'intérieur du corps; et l'agami est un véritable ventriloque.

Dans l'état de nature, l'agami habite les grandes forêts des pays chauds de l'Amérique, et ne s'approche pas des lieux habités. Il se tient en troupes assez nombreuses. Il marche et court plutôt qu'il ne vole, et sa course est aussi rapide que son vol est pesant. Il se nourrit de fruits sauvages. Lorsqu'on le surprend, il fuit en jetant un cri très-aigu. La femelle creuse un trou au pied d'un arbre, pour y déposer ses œufs, qui sont au nombre de quinze ou seize, plus gros que ceux de la poule, et d'un vert clair.

Non-seulement les agamis s'apprivoisent très-aisément, mais ils s'attachent même à celui qui les soigne, avec autant d'empressement et de fidélité que le chien : ils en donnent des marques les moins équivoques ; car si on garde un agami dans la maison, il vient au devant de son maître, lui fait des caresses, le suit ou le précède, et lui témoigne la joie qu'il a de l'accompagner ou de le revoir ; mais aussi, lorsqu'il prend quelqu'un en guignon, il le chasse à coups de bec dans les jambes, et le reconduit quelquefois fort loin, toujours avec les mêmes démonstrations d'humeur ou de colère. Presque tous ces oiseaux prennent le tic de suivre quelqu'un dans les rues ou hors de la ville, des personnes même qu'ils n'auront jamais vues : vous aurez beau vous

cacher, entrer dans les maisons ; ils vous attendent, reviennent toujours à vous , quelquefois
pendant plus de trois heures. On en cite un, qui
ne manquait jamais de suivre les étrangers qui
entraient dans la maison de son maître , et de
les accompagner dans le jardin , où il faisait,
dans les allées , autant de tours de promenade
qu'eux. L'agami ne manque pas aussi d'obéir
à la voix de son maître ; il vient même près de
tous ceux qu'il ne voit pas , dès qu'il en est
appelé. Il aime à recevoir des caresses , et
présente surtout la tête et le cou, pour les
faire gratter ; et lorsqu'il est une fois accoutumé à ces complaisances , il en devient importun , et semble exiger qu'on les renouvelle
à chaque instant. Il arrive aussi , sans être appelé , toutes les fois qu'on est à table , et
il commence par chasser les chats et les chiens,
et se rendre le maître de la chambre , avant
de demander à manger ; car il est si confiant
et si courageux , qu'il ne fuit jamais ; et les
chiens de taille ordinaire sont obligés de lui
céder , souvent après un combat long et dans
lequel il sait éviter la dent du chien , en s'élevant en l'air , et retombant ensuite sur son
ennemi , auquel il cherche à crever les yeux ,
et qu'il meurtrit à coups de bec et d'ongles ;

lorsqu'une fois il s'est rendu vainqueur, il poursuit son ennemi avec un acharnement singulier, et finirait par le faire périr, si on ne les séparait. Enfin il prend dans le commerce de l'homme presqu'autant d'instinct que le chien ; on peut aussi lui apprendre à garder et à conduire un troupeau de moutons. Il paraît susceptible de jalousie ; car souvent, lorsqu'il vient autour de la table, il donne de violens coups de bec contre les jambes nues des nègres ou des autres domestiques, quand ils approchent de la personne de son maître.

La chair de ces oiseaux est sèche et dure. La partie brillante de leur plumage, cette plaque d'un vert changeant, sert à faire des parures.

LES TINAMOUS.

Famille des Gallinacés alectrides, genre de l'Outarde.

Ces oiseaux qui appartiennent aux climats chauds de l'Amérique tiennent quelque chose des gallinacés. Leur bec grêle, allongé, est mousse à son extrémité, noir par dessus, blanchâtre en-dessous, avec des narines oblongues ; à chaque pied ils ont trois doigts en avant et un quatrième en arrière très-court et qui ne pose point à terre. Dans ce genre d'oiseaux ainsi que dans l'espèce précédente, la femelle est plus grosse que le mâle, ce qui n'appartient guère, dans nos climats, qu'à la classe des oiseaux de proie. Le vol des tinamous, est comme celui des gallinacés, pesant et court, mais ils courent par terre avec une grande vitesse. La chair de ces oiseaux est très-bonne à manger.

La principale espèce des tinamous est le MAGOUA (pl. 35). Cet oiseau est de la grosseur d'un faisan ; son plumage est gris-brun, varié de blanc et de noir. La femelle pond de douze à seize œufs, presque ronds et bons à manger.

Le soui (pl. 35) n'est pas plus gros qu'une perdrix ; il a le plumage varié de roux, de noir, de brun et de blanc.

On connaît encore le *tocro* ou *perdrix de la Guyane* le *tinamou varié* et le *tinamou cendré.*

LES GOBE-MOUCHES.

Famille des Passereaux crénirostres.

Au-dessous de la grande classe d'oiseaux carnassiers, la nature a établi un petit genre d'oiseaux chasseurs, plus utiles et qu'elle a rendus très-nombreux. Ce sont tous ces oiseaux qui ne vivent pas de chair, mais qui se nourrissent de mouches, de moucherons et d'autres insectes volans, sans toucher aux fruits ni aux graines. Leur bec est aplati et pointu ; la mandibule supérieure est échancrée vers la pointe ; la base est garnie de quelques poils rudes. On les partage en trois tribus : les *gobe-mouches* proprement dits, les *tyrans*, les *moucherolles*. Les oiseaux de la première tribu sont tous au-dessous de la grandeur du rossignol ; ceux de la seconde tribu égalent ou surpassent un peu la taille de ce même oiseau, et la troisième tribu ne renferme que des oiseaux de la taille de la pie-grièche avec laquelle ils ont quelques rapports d'instinct et de la figure.

L'Afrique, les régions chaudes de l'Asie et surtout l'Amérique renferment plus de quarante espèces de gobe-mouches ; tandis que l'Europe n'en possède que deux espèces : il semble que la nature en multipliant les insectes dans les pays méridionaux ait aussi voulu multiplier les oiseaux qui devaient s'en nourrir.

Le gobe-mouche proprement dit (pl. 35) a cinq pouces et demi de longueur. Sa gorge est blanche, le dessus du corps brun et le dessous blanchâtre. Ces oiseaux arrivent dans nos climats vers le mois d'avril et partent en septembre, car tout degré de froid leur serait funeste en abattant les insectes volans dont ils font leur unique nourriture. Ils cherchent la solitude et se tiennent dans les forêts, dans les lieux couverts et fourrés. Ils ont l'air triste, le naturel sauvage, peu animé et même stupide; ces caractères d'ailleurs distinguent le genre entier des gobe-mouches. Celui d'Europe place son nid tout à découvert, soit sur les arbres, soit sur les buissons; aucun oiseau faible ne se cache aussi mal, aucun n'a l'instinct si peu décidé; ils travaillent leur nid différemment; les uns le font entièrement de mousse, les autres y mêlent de la laine; ils emploient beaucoup de temps et de peine pour faire un mauvais ouvrage; et l'on voit quelquefois ce nid entrelacé de si grosses racines, qu'on n'imaginerait pas qu'un ouvrier aussi petit pût employer de tels matériaux. Ils pondent trois ou quatre œufs et quelquefois cinq couverts de taches rousses.

Ces oiseaux prennent, le plus souvent leur nourriture en volant et ne se posent que rarement et par instant à terre, sur laquelle ils ne courent pas.

Le gobe-mouche noir a collier ou gobe-mouche de Lorraine (pl. 35) est la seconde espèce de gobe-mouche d'Europe. Il est un peu moins grand que le précédent et n'a guère d'autre plumage que du blanc et du noir, par plaques et taches bien marquées; mais chez le mâle il varie très-singulièrement d'une saison à l'autre, et son plumage d'été qu'on peut nommer avec raison son habit de noces, puisqu'il ne le prend que lorsqu'il s'apparie et qu'il le quitte après la nichée, est le plus beau. Un collier blanc environne alors son cou qui est du plus beau noir ainsi que sa tête ; tout son plumage a un lustre et une fraîcheur singulière ; mais ces beautés disparaissent dès le commencement de juillet ; les couleurs deviennent faibles et brunissent ; l'oiseau tout à fait méconnaissable devient semblable à la femelle.

Les mœurs de ce petit oiseau sont les mêmes que celles du gobe-mouche précédent.

Parmi les gobe-mouches étrangers on distingue le roi des gobe-mouches (pl. 35). Il doit ce nom à la belle couronne qu'il porte sur sa tête ; cette couronne est composée de quatre à cinq rangs de petites plumes arrondies, étalées en éventail d'un rouge très-vif.

Son bec, d'une grosseur demesurée pour la taille de l'oiseau, qui n'est pas plus gros que le gobe-mouche d'Europe, est hérissé de longues soies. Son plumage est noirâtre sur le dos et d'un brun très-clair sur le ventre ; l'estomac est blanchâtre. On le trouve à Cayenne. Il est rare.

Les oiseaux de la seconde tribu des gobe-mouches, sont appelés MOUCHEROLLES ; ils sont plus grands que les gobe-mouches ordinaires, mais plus petits que les tyrans. Tous sont étrangers à l'Europe ; on les reconnaît à leur longue queue, à leur bec presqu'entièrement aplati, plus fort et un peu plus courbé en crochet à la pointe que celui du gobe-mouche.

L'une des principales espèces de cette tribu est le MOUCHEROLLE SAVANNA (pl. 34). On lui a donné le surnom de Savanna, parce qu'il se tient ordinairement dans les savannes marécageuses du nouveau continent. Sa tête, ornée d'une tache jaune, est noire par derrière ; le dos est gris-verdâtre et le dessous du corps blanc.

La troisième tribu comprend les TYRANS, oiseaux plus forts, plus sauvages, et qui se rapprochent de la pie-grièche par un naturel dur, sauvage et même sanguinaire, et par la forme du corps et du bec. L'espèce la plus remarquable de cette tribu est le GRAND-

Tyran appelé aussi Titiris ou Pipiris. Sa longueur est d'environ huit pouces. Son bec droit et hérissé de moustaches se courbe, à la pointe ; sur sa tête est une espèce de huppe d'un beau jaune que l'oiseau relève lorsqu'il est en colère. Son dos est d'un gris-brun clair , et le dessous de son corps d'un gris-blanc ardoisé. Cet oiseau que l'on trouve à St.-Domingue et à Cayenne niche dans le creux des arbres ; lorsqu'on cherche à enlever ses petits , il les défend, combat, et son audace naturelle devient une fureur intrépide; il se précipite sur le ravisseur , le poursuit , et lorsque malgré tous ses efforts, il n'a pu sauver ses petits , il vient les chercher et les nourrir dans la cage où ils sont renfermés.

Le tyran , quoique assez petit, ne paraît redouter aucune espèce d'animal; au lieu de fuir comme les autres oiseaux à l'aspect des oiseaux de proie , il les attaque avec intrépidité , les provoque , les harcèle. On a vu un oiseau de cette espèce s'attacher sur le dos d'un aigle , et le persécuter avec tant de furie que l'aigle se renversait sur le dos pour tâcher de se délivrer de son petit ennemi, sans en venir à bout, et il ne fut délivré que par l'extrême lassitude du tyran.

Le **drongo** (pl. 35) est une espèce voisine des gobe-mouches. Il est de la grandeur du merle et porte une huppe à l'origine du bec. Il diffère des gobe-mouches par son beau ramage, car ceux-ci n'ont en général qu'un cri aigre et désagréable. Le drongo appartient à l'Afrique. On le trouve aussi en Chine.

L'alouette (pl. 36).

Famille des Passereaux subulirostres.

Ce passereau a pour caractères, le doigt postérieur droit et très-long, la langue fourchue. Les mâles sont un peu plus bruns que les femelles ; ils ont un collier noir, plus de blanc à la queue ; ils sont un peu plus gros et ont une contenance plus fière. La femelle place son nid entre deux mottes de terre et prend beaucoup plus de soin pour le cacher que pour le construire ; elle y pond quatre ou cinq œufs qui ont des taches brunes sur un fond grisâtre ; elle les couve pendant quinze jours au plus, et elle emploie encore moins de temps à conduire, et à élever ses petits.

L'alouette est du nombre des oiseaux que l'on élève dans une volière pour jouir de leur chant. Sa voix est pure et flexible ; elle imite fort promptement le ramage de toute autre espèce d'oiseaux ; son gosier se prête à tous les accens et les embellit, mais il faut que ses oreilles ne soient frappées que d'une seule espèce de chant, surtout dans le temps de la jeunesse, sans quoi ce ne serait plus qu'un composé bizarre et mal assorti de tous les ramages qu'elle aurait entendus. Lorsqu'elle est libre elle commence à chanter dès les premiers jours du printemps, qui sont pour elle le temps de l'amour, et elle continue pendant toute la belle saison : le matin et le soir sont les temps de la journée où elle se fait le plus entendre, et le milieu du jour est celui où on l'entend le moins. L'alouette est du petit nombre des oiseaux qui chantent en volant ; plus elle s'élève en l'air, plus elle force sa voix, et souvent on l'entend encore distinctement, quoiqu'elle soit déjà élevée à perte de vue.

La nourriture la plus ordinaire des jeunes alouettes sont les vers, les chenilles, les œufs de fourmi et même de sauterelles ; ce qui leur a attiré à juste titre beaucoup de considération dans les pays qui sont exposés aux ravages de ces insectes : lorsqu'elles sont adultes elles vivent principalement de graines d'herbes., en un mot de matières végétales.

On peut nourrir les jeunes avec de la graine de pavot mouillée, et lorsqu'elles mangent seules, avec de la mie de pain aussi humectée ; mais dès qu'elles commencent à faire entendre leur ramage, il faut leur donner du cœur de mouton ou du veau bouilli haché avec des œufs durs ; on y ajoute le blé, le millet, les graines de lin, de pavots, et de chènevis, écrasées et détrempées dans du lait.

Lorsque les jeunes alouettes mises en cage sont trop farouches, il faut leur lier les ailes, de peur qu'en s'élançant trop vivement elles ne se cassent la tête contre le plafond de leur cage. Comme c'est un oiseau pulvérateur, il faut avoir grand soin de mettre dans un coin de la cage une couche de sablon où il puisse se poudrer à son aise et trouver du soulagement contre la vermine qui le tourmente. On y ajoute du gazon frais et souvent renouvelé. Il faut que la cage soit un peu spacieuse.

L'alouette s'apprivoise assez facilement; elle devient même familièré jusqu'à venir manger sur la table et se poser sur les mains; mais elle ne peut se tenir sur le doigt à cause de la conformation de l'ongle postérieur trop long et trop droit pour pouvoir l'embrasser. D'après cela on juge bien qu'il ne faut pas de bâtons en travers de la cage où on la tient.

Leur manière de voler est de s'élever presque perpendiculairement et par reprises, et de se soutenir à une grande hauteur : elles descendent au contraire en filant, pour se poser à terre, excepté lorsqu'elles sont menacées par l'oiseau de proie, ou attirées par leur compagne chérie ; car, dans ces deux cas, elles se précipitent comme une pierre qui tombe.

Aux approches de l'hiver, les alouettes quittent nos climats pour aller habiter les pays chauds. Mais elles n'y passent pas toutes, car il en reste beaucoup dans notre pays.

La chair de l'alouette est très-délicate; on la vend pour la table sous le nom de *mauviette*. On prend les alouettes au filet, à l'aide d'un miroir qui les attire.

La Calandre ou *grosse Alouette*, est plus grande que l'alouette, mais l'espèce est moins nombreuse ; son bec est plus court, plus fort ; du reste même plumage, même port, même conformation, mêmes mœurs et même voix, si ce n'est qu'elle est plus forte et plus agréable.

LE CUJÉLIER OU ALOUETTE DES BOIS. (pl. 36).

Le cujélier est beaucoup moins gros que l'alouette ordinaire ; il en diffère encore par son plumage dont les couleurs sont plus faibles, et où en général il y a moins de blanc. Il en diffère aussi par ses habitudes naturelles puisqu'il se perche sur les grosses branches et qu'il niche dans les terres incultes et voisines des taillis ; au lieu que l'alouette ordinaire ne se perche jamais, et se tient dans les grandes plaines cultivées. Il en diffère encore par son chant qui ressemble plus à celui du rossignol qu'à celui de l'alouette. Il est d'ailleurs beaucoup moins commun.

L'ALOUETTE DES PRÉS OU FARLOUSE (pl. 36).

La farlouse est plus petite que le cujélier ; elle ne pèse que six ou sept gros ; son plumage est olivâtre sur le dos, et blanc jaunâtre sur le dessous du corps. Les rectrices sont blanches, et au-dessus des yeux, sont deux taches blanches en forme de sourcil. Cet oiseau niche ordinairement dans les prés et même dans les prés bas et marécageux. La femelle pose son nid à terre et le cache très-bien :

tandis que la femelle couve , le mâle se tient
perché sur un arbre dans le voisinage, et
s'élève de temps à autre en chantant et en
battant des ailes ; mais au moindre bruit il
part rapidement.

La farlouse se trouve en France , en Italie,
en Angleterre et en Suède. Elle change de
climat comme les autres alouettes.

L'ALOUETTE PIPI (pl. 36).

C'est la plus petite de nos alouettes de
France ; son cri *pit pit*, l'a fait surnommer
alouette pipi ; elle sait se percher sur les branches, et se tient aussi à terre, où elle court
très-légèrement. Au printemps, lorsque le
mâle pipi chante sur la branche, c'est avec
beaucoup d'action ; il se redresse alors, il
entr'ouvre le bec , il épanouit ses ailes et tout
annonce que c'est un chant d'amour : de temps
en temps il s'élève assez haut ; il plane quelques momens et retombe presqu'à la même
place , en continuant toujours de chanter et
même de chanter fort agréablement ; son ramage est simple, mais il est doux, harmo-
nieux et nettement prononcé. Ce petit oiseau
fait son nid dans les endroits solitaires et le

cache sous une motte de gazon. La femelle pond cinq œufs tachés de brun.

Le dessus du corps de cet oiseau est d'un brun noirâtre, varié ou plutôt cendré de verdâtre ; le dessous est d'un blanc jaunâtre, moucheté irrégulièrement sur la poitrine et sur le cou.

Les alouettes pipi fréquentent les bruyères et les plaines ; elles voltigent plutôt qu'elles ne volent ; et se nourrissent principalement d'insectes et de petites graines.

LE COCHEVIS, ou la GROSSE ALOUETTE HUPPÉE (pl. 36).

Cette alouette sans être aussi commune que l'alouette ordinaire est cependant répandue assez généralement dans l'Europe, si ce n'est dans la partie septentrionale. Elle est reconnaissable à l'espèce de huppe qui orne sa tête et qui est composée de plusieurs petites plumes. Le cochevis ne change pas de climat, mais il se cache pendant l'hiver et on en voit fort peu durant cette saison. Le chant du mâles est fort élevé, mais très-agréable et très-doux : il est le premier à annoncer chaque année le retour du printemps et chaque jour le lever de l'aurore, surtout lorsque le ciel est serein, et même alors il gazouille quelquefois pendant la nuit; un temps sombre et pluvieux lui inspire la tristesse et le rend muet. Au reste, comme ces oiseaux s'accoutument difficilement à la captivité, et qu'ils vivent fort peu de temps en cage; il est à propos de leur donner la volée sur la fin de juin, qui est le temps où ils cessent de chanter, sauf à en reprendre d'autres au printemps suivant.

La femelle fait son nid comme l'alouette commune, mais le plus souvent dans le voisinage des grands chemins; elle y pond quatre ou cinq œufs.

L'éducation des petits est fort difficile; il est rare qu'on puisse les conserver en cage une année entière, même en leur donnant la nourriture qui leur convient le mieux, c'est-à-dire, les œufs de fourmis, le cœur de bœuf ou de mouton hachés menus, le chènevis écrasé, le milet.

Le cochevis ne vole point en troupes comme l'alouette; son plumage est moins varié et a plus de blanc; il a le bec plus long, la queue et les ailes plus courtes; il s'élève moins en l'air.

Quoique plus sauvage que l'alouette ordinaire, le cochevis a une singulière aptitude pour apprendre en peu de temps à chanter un air qu'on lui aura montré; il peut même en apprendre plusieurs, et les répéter sans les brouiller et sans les mêler avec son ramage, qu'il semble oublier parfaitement; souvent on l'entend répéter en dormant, et la tête sous l'aile l'air qu'on lui a montré; mais sa voix est alors très-faible.

LA PETITE ALOUETTE HUPPÉE OU LULU (pl. 34) est plus petite que le cochevis; son plumage est moins sombre; elle a un cri désagréable, qu'elle ne fait jamais entendre qu'en volant. Loin d'imiter, en le perfectionnant, le chant des autres oiseaux, le lulu les contrefait ridiculement; elle diffère encore du cochevis, par son habitude d'aller en troupes dans les champs. On le trouve en Italie, en Autriche, en Pologne, en Silésie, et même dans les contrées septentrionales de l'Angleterre. Il se tient ordinairement dans les endroits fourrés, dans les bruyères, et même dans les bois.

LA COQUILLADE (pl. 36).

Cette espèce de cochevis, que l'on trouve en Provence, a la gorge et tout le dessous du corps blanchâtre, avec de petites taches noirâtres sur le cou et la poitrine ; la tête et le dessous du corps est varié de roux et de noirâtre. La coquillade est proprement l'oiseau du matin, car elle commence à chanter dès la pointe du jour ; elle semble donner le ton aux autres oiseaux. Le mâle ne quitte point sa femelle, et tandis que l'un des deux cherche les insectes dont ils font leur nourriture, l'autre, l'œil au guet, avertit son camarade du danger qui le menace

La VARIOLE (pl. 36) est une jolie petite alouette huppée, qui se trouve au Paraguay ; son plumage, très-varié et très-agréable, est nuancé de diverses teintes de noir, de roux, de brun, de blanc et de gris.

LE ROSSIGNOL.

Famille des Passereaux subulirostres, genre des Motacilles.

Il n'est personne qui n'ait entendu avec ravissement la voix de ce chantre des forêts. On pourrait citer quelques autres oiseaux chanteurs dont la voix le dispute à certains égards à celle du rossignol : les alouettes, les serins, le pinson, les fauvettes, le chardon-

Rossignol
des Murailles .
Rossignol
Bec figue
Fauvette
Fauvette d'Hiver
Fauvette à tête noire
Cou jaune .
Fauvette des
Alpes .

neret et le moqueur se font écouter avec plaisir, lorsque le rossignol se tait : les uns ont d'aussi beaux sons, les autres ont le timbre aussi pur et plus doux, d'autres ont des tours de gosier aussi flatteurs ; mais il n'en n'est pas un seul que le rossignol n'efface par la réunion complette de ces talens divers, et par la prodigieuse variété de son ramage. Une des raisons pour laquelle le chant du rossignol produit plus d'effet, c'est parce que chantant la nuit, qui est le temps le plus favorable, et chantant seul, sa voix a tout son éclat, et n'est offusquée par aucune autre voix : il l'emporte sur tous les autres oiseaux par ses sons moëlleux et flûtés, et par la durée non interrompue de son ramage, et par l'étendue de sa voix qui égale au moins la portée de la voix humaine.

C'est au printemps que le rossignol sauvage chante le mieux ; les rossignols captifs chantent pendant neuf ou dix mois de l'année, et leur chant est non-seulement plus longtemps soutenu, mais encore plus parfait et mieux formé. Il s'en faut bien cependant qu'ils soient insensibles à la perte de leur liberté, surtout dans les commencemens ; ils se laisseraient mourir de faim les sept ou

huit premiers jours si on ne leur donnait la
becquée, et ils se casseraient la tête contre
le plafond de leur cage si on ne leur attachait
les ailes ; mais à la longue la passion de chanter l'emporte. Le chant des autres oiseaux,
le son des instrumens, les accens d'une voix
douce et sonore les excitent aussi beaucoup ;
ils accourent, ils s'approchent attirés par les
beaux sons, mais les duos semblent les attirer
encore plus puissamment : ce qui prouve
qu'ils ne sont pas insensibles aux effets de
l'harmonie ; ce ne sont pas des auditeurs
muets, ils se mettent à l'unisson et font tous
leurs efforts pour éclipser leurs rivaux, pour
couvrir toutes les autres voix et même tous
les autres bruits ; on prétend qu'on en a vu
tomber morts aux pieds de la personne
qui chantait ; on en a vu un autre qui s'a-
gitait, gonflait sa gorge et faisait entendre
un gazouillement de colère, toutes les fois
qu'un serin qui était près de lui, se disposait
à chanter : tant il est vrai que la supériorité
n'est pas toujours exempte de jalousie. Si on
veut faire chanter le rossignol captif, il faut
bien le traiter dans sa prison ; il faut en pein-
dre les murs de la couleur de ses bosquets,
l'environner, l'ombrager de feuillages ,

étendre de la mousse sous ses pieds, le garantir du froid et des visites importunes, lui donner une nourriture abondante et qui lui plaise, ne le nétoyer que rarement lorsqu'il chante ; en un mot il faut lui faire illusion sur sa captivité et tâcher de la rendre aussi douce que la liberté, s'il était possible. A ces conditions le rossignol chantera dans la cage ; si c'est un vieux pris dans le commencement du printemps, il chantera au bout de huit jours et même plus tôt, et il recommencera à chanter tous les ans au mois de mai et sur la fin de décembre ; si ce sont des jeunes élevés à la brochette, ils commenceront à gazouiller dès qu'ils auront appris à manger seuls, et ils exerceront ensuite leur voix tous les jours de l'année, excepté au temps de la mue. Ils apprendront à chanter des airs si on a la patience de les siffler, avec la *rossignolette* ; ils apprendrout même à chanter alternativement avec un chœur, et à répéter leur couplet à propos ; enfin ils apprendront à parler quelle langue on voudra. Les fils de l'empereur Claude en avaient qui parlaient grec et latin.

Cet oiseau est capable à la longue de s'attacher à la personne qui a soin de lui ; lorsqu'une fois la connoissance est faite, il distingue

son pas sans la voir ; il la salue d'avance par
un cri de joie, et s'il est en mue, on le voit
se fatiguer par des efforts inutiles pour chanter et suppléer par la gaîté de ses mouvemens,
par l'âme qu'il met dans ses regards, à l'expression que son gosier lui refuse ; lorsqu'il
perd sa bienfaitrice, il meurt, quelquefois
de regret ; s'il survit, il lui faut long-temps
pour s'accoutumer à une autre. On en cite un,
qui, ne voyant plus sa gouvernante fut bientôt
aux abois ; il ne pouvait plus se tenir sur les
bâtons de sa cage ; mais ayant été remis à sa
gouvernante, il se ranima, mangea, but, se
percha et fut rétabli en vingt-quatre heures.
Il s'attache difficilement, comme font tous
les caractères timides et sauvages ; il est aussi
très- solitaire ; les rossignols voyagent seuls,
arrivent seuls aux mois d'avril et de mai, s'en
retournent seuls au mois de septembre.

Chaque couple commence à faire son nid
vers la fin du mois d'avril et au commencement du mois de mai ; il le pose sur les
branches les plus basses des arbustes, et même
à terre au pied de ces arbustes. La femelle
pond ordinairement cinq œufs d'un brun
verdâtre ; elle couve seule et ne quitte son
poste que lorsqu'elle est pressée par la faim.

Pendant son absence, le mâle semble avoir l'œil sur le nid. Au bout de dix-huit à vingt jours d'incubation, les petits commencent à éclore. La mère dégorge la nourriture à ses petits, comme font les femelles des serins ; elle est aidée par le père dans cette intéressante fonction : c'est alors que celui-ci cesse de chanter, pour s'occuper sérieusement du soin de sa famille. Durant l'incubation même, il chante rarement auprès du nid ; on dit que c'est de peur de le faire découvrir ; mais lorsqu'on approche de ce nid, la tendresse paternelle se trahit par des cris que lui arrache le danger de la couvée et qui ne font que l'augmenter.

Au mois d'août les vieux et les jeunes quittent les bois pour se rapprocher des buissons, des haies vives, des terres nouvellemnt labourées, où ils trouvent plus de vers et d'insectes ; peut-être aussi, ce mouvement général a-t-il quelque rapport à leur prochain départ Il n'en reste point en France pendant l'hiver, non plus qu'en Angleterre, en Allemagne . en Italie et en Grèce, etc. Il paraît que durant cette saison ils se retirent en Asie.

Les rossignols se cachent au plus épais des buissons : ils se nourrissent d'insectes aquatiques et autres, de petits vers, de fourmis ; ils mangent aussi des figues, des baies, etc ; mais comme il serait difficile de fournir habituellement ces sortes de nourritures à ceux que l'on tient en cage, on leur donne différentes espèces de pâtées dont ils s'accommodent fort bien (1), ou bien on leur donnera des œufs de fourmi si on peut s'en procurer.

----

(1) La composition de ces pâtées varie selon l'âge de l'oiseau : celle du premier âge est composée de cœur de mouton et de chènevis dé_pouillé de son écorce, et parfaitement pilés et mêlés ; il en faut tous les jours de la nouvelle. La seconde consiste en parties égales d'omelette hachée et de mie de pain, avec une pincée de persil haché. La troisième est plus composée , et demande plus de façons : Prenez deux livres de bœuf maigre haché , une demi-livre de pois chiches , autant de millet jaune , de semences de pavot et d'amandes douces, une livre de miel blanc, deux onces de fleur de farine, douze jaunes d'œufs frais et un gros et demi de safran en poudre, le tout séché, chauffé long-temps en remuant toujours , et réduit en poussière très-fine , passée au tamis de soie. Cette poudre se conserve et sert pendant un an , mais il faut la tenir dans un lieu très-sec.

On a reconnu que les drogues échauffantes et les parfums excitaient les rossignols à chanter ; que les vers de farine et ceux du fumier leur convenaient lorsqu'ils étaient trop gras, et les figues lorsqu'ils étaient trop maigres ; enfin que les araignées étaient pour eux un purgatif : on conseille de leur faire prendre tous les ans ce purgatif au mois d'avril : une demi-douzaine d'araignées sont la dose. On recommande aussi de ne rien leur donner de salé.

Tous les piéges sont bons pour les rossignols ; ils sont peu méfians quoique assez timides : on les prend à la pipée, aux gluaux, avec le trébuchet des mésanges dans des reginglettes tendues sur la terre nouvellement remuée, où l'on a répandu des nimphes de fourmis ou des vers de farine, ou bien ce qui y ressemble, comme de petits morceaux de blanc d'œuf dur.

Comme il est fort essentiel de ne pas perdre son temps à élever des femelles, on a indiqué beaucoup de marques distinctives pour reconnaître les mâles ; ils ont l'œil plus grand, la tête plus ronde, le bec plus long, le plumage plus haut en couleur, le ventre moins blanc et la queue plus touffue ; ils commencent plus tôt à gazouiller et leur gazouillement est plus soutenu.

Il s'en faut bien que le plumage de cet oiseau réponde à son ramage : il a tout le dessus du corps d'un brun plus ou moins roux ; la gorge, la poitrine et le ventre d'un gris blanc. Sa longueur totale est d'environ six pouces et un quart, du bec à la queue.

LE ROSSIGNOL DE MURAILLE (pl. 37).

Le chant de cet oiseau n'a pas l'étendue ni la variété de celui du rossignol, mais il est tendre et mêlé d'un accent de tristesse. Cet oiseau arrive avec les autres au printemps, et se pose sur les tours et les combles d'édifices inhabités ; c'est de là qu'il fait entendre son ramage ; il sait trouver la solitude jusqu'au milieu des villes dans lesquelles il s'établit sur le pignon d'un grand mur, sur un clocher ou sur une cheminée, cherchant par tout les lieux les plus élevés et les plus inaccessibles ; on le trouve aussi dans l'épaisseur des forêts les plus sombres ; il vole légèrement et lorsqu'il s'est perché, il fait entendre un petit cri. Il est beaucoup moins gros que le rossignol ; un plastron noir lui couvre la gorge, le devant et les côtés du cou ; ce même noir environne les yeux et remonte jusque sous le bec ; un bandeau blanc masque son front ; les parties supérieures du corps sont d'un gris foncé et lustré : au-dessous du plastron, un beau roux de feu garnit la poitrine ; le ventre est blanc, les pieds noirs. La femelle n'a ni le front blanc ni la gorge noire.

Ces oiseaux nichent dans les trous de muraille, dans les creux d'arbres et de fentes de rochers ; leur ponte est de cinq ou six œufs bleus. Aux approches de l'hiver ils abandonnent nos climats.

Le rossignol de muraille quoiqu'habitant près de nous, ou parmi nous, n'en demeure pas moins sauvage ; il vient dans le séjour de l'homme sans paraître le remarquer ni le connaître ; il n'a rien de la familiarité du rouge-gorge, ni de la gaîté de la fauvette, ni de la vivacité du rossignol ; son instinct est solitaire, son naturel sauvage et son caractère triste ; si on le prend adulte il refuse de manger et se laisse mourir, ou s'il survit à la-perte de sa liberté, son silence obstiné marque sa tristesse et ses regrets : cependant en le prenant au nid, et en l'élevant en cage, on peut jouir de son chant : on le fait entendre à toute heure et même pendant la nuit ; il le perfectionne soit par les leçons qu'on lui donne , soit en imitant celui des oiseaux qu'il est à portée d'écouter. On le nourrit de la même manière que le rossignol ordinaire.

LE COU-JAUNE (pl. 37).

Famille des Passereaux subulirostres , genre des Motacilles.

Les habitans de St.-Domingue ont donné le nom de cou-jaune à un petit oiseau qui joint une jolie robe à un ramage agréable ; il a la taille et les proportions de la fauvette. Sa gorge, son cou et sa poitrine sont d'un brun-jaune ; le reste du plumage est agréablement varié de blanc et de noir. Il se tient sur les arbres qui sont en fleur; c'est de là qu'il fait raisonner son chant ; sa voix est déliée et faible , mais elle est variée et délicate ; il chante aussi en voltigeant de branche en branche , et tout en traversant les airs , il fait entendre son charmant ramage.

Cet oiseau déjà si intéressant par sa beauté et par les charmes de sa voix , ne l'est pas moins par l'intelligence qu'il déploie dans la construction de son nid. Il ne le place pas sur les branches des arbres, il le suspend, il l'enlace, dans les liannes pendantes, surtout à celles qui sont au-dessus des rivières ou des ravins profonds. Ce nid, d'un tissu serré peut être bercé par les vents sans en recevoir d'atteinte; mais ce serait peu pour cet oiseau de s'être mis à l'abri de l'injure des élémens dans un lieu où il a tant d'autres ennemis; son nid au lieu d'être ouvert par le haut ou dans le flanc, a son ouverture placée au-dessous et il n'y a précisément que ce qu'il lui faut de passage pour venir à l'intérieur où est la nichée, qui est séparée de cette espèce de corridor par une cloison qu'il faut surmonter pour descendre dans le domicile de la famille. Par cette disposition ingénieuse, le rat, l'oiseau de proie ni la couleuvre ne peuvent avoir d'accès dans le nid, et la couvée éclôt en sûreté.

LA FAUVETTE (pl. 37).

Famille des Passereaux subulirostres, genre des Motacilles.

Le triste hiver saison de la mort, est le temps du sommeil ou plutôt de la torpeur de la nature : les insectes sans vie, les reptiles sans

sans mouvement, les végétaux sans verdure et sans accroissement, tous les habitans de l'air détruits ou relégués, ceux des eaux renfermés dans des prisons de glace, et la plupart des animaux terrestres confinés dans les cavernes, les antres et les terriers ; tout nous présente les images de la langueur et de la dépopulation. Mais le retour des oiseaux au printemps est le premier signal et la douce annonce du réveil de la nature vivante ; et les feuillages renaissans et les bocages revêtus de leur nouvelle parure sembleraient moins frais et moins touchans sans les nouveaux hôtes qui viennent les animer.

De ces hôtes des bois, les fauvettes sont les plus nombreuses comme les plus aimables : vives, agiles, légères, et sans cesse remuées, tous leurs mouvemens ont l'air du sentiment, et tous leurs accens le ton de la joie. Ces jolis oiseaux arrivent au moment où les arbres développent leurs feuilles et commencent à laisser épanouir leurs fleurs ; ils se dispersent dans toute l'étendue de nos campagnes : les uns viennent habiter nos jardins, d'autres préfèrent les avenues et les bosquets ; plusieurs autres espèces s'enferment dans les grands bois, et quelques-uns se cachent au milieu des roseaux. Ainsi les fauvettes remplissent tous les lieux de la terre et les animent par les mouvemens et les accens de leur tendre gaîté.

A ce mérite des grâces naturelles, nous voudrions réunir celui de la beauté ; mais en leur donnant tant de qualités aimables, la nature semble avoir négligé de parer leur plumage. Il est obscur et terne : excepté deux ou trois espèces qui sont légèrement tachetées, toutes les autres n'ont que des teintes plus ou moins sombres de blanchâtre, de gris et de roussâtre.

LA FAUVETTE ORDINAIRE (pl. 37), est de la grandeur du rossignol ; elle habite les jardins, les bocages et les champs semés de légumes ; elles y jouent, y placent leur nid sortent et rentrent sans cesse, jusqu'à ce que le temps de la récolte, voisin de celui de leur départ, viennent les chasser de cet asile. Le nid composé d'herbes sèches, de chanvre et de crin, contient ordinairement cinq œufs que la mère abandonne lorsqu'on les a touchés ; il n'est pas possible non plus de lui faire adopter les œufs d'un autre oiseau : elle les reconnaît, sait s'en défaire et les rejeter. Le mâle de la fauvette prodigue à sa femelle mille petits soins pendant qu'elle couve ; il partage

2*

sa sollicitude pour ses petits qui viennent d'é-
clore, et ne la quitte pas, même après l'éducation de la famille.

La fauvette est d'un caractère craintif ; elle
fuit devant des oiseaux tout aussi faibles qu'elle
et fuit encore plus vite et avec plus de raison
devant la pie-grièche sa redoutable ennemie ; mais l'instant du péril passé tout est oublié, et le moment d'après, notre fauvette reprend sa gaîté , ses mouvemens et son chant.
Cet oiseau se nourrit , non-seulement de moucherons et de vermisseaux , mais aussi de plusieurs espèces de baies.

LA FAUVETTE A TÊTE NOIRE.

La fauvette à tête noire est de toutes les fauvettes celle qui a le chant le plus agréable et
le plus continu ; il tient un peu de celui du
rossignol, et l'on en jouit bien plus long-temps,
car plusieurs semaines après que ce chantre du
printemps s'est tû , on entend les bois raisonner partout du chant de ces fauvettes ; leur voix
est aussi facile que pure , et légère. Le mâle
a pour sa femelle les plus tendres soins ; non-
seulement il lui apporte sur le nid des mouches, des vers et des fourmis , mais il la sou-

lage de l'incommodité de sa situation ; il couve alternativement avec elle ; le nid est placé près de terre dans un taillis soigneusement caché et contient quatre à cinq œufs. Les petits grandissent en peu de jours, et, pour peu qu'ils aient de plumes, ils sautent du nid dès qu'on les approche, et l'abandonnent.

On peut élever cette fauvette en cage. L'affection qu'elle témoigne pour son maître est touchante ; elle a pour l'accueillir un accent particulier, une voix plus affectueuse ; à son approche elle s'élance vers lui contre les mailles de sa cage comme pour s'efforcer de rompre cet obstacle et de le joindre, et par un continuel battement d'ailes, accompagné de petits cris, elle semble exprimer l'empressement et la reconnaissance.

Les petits élevés en cage, s'ils sont à portée d'entendre le rossignol, perfectionnent leur chant et le disputent à leur maître. Dans la saison du départ, qui est à la fin de septembre, tous les prisonniers s'agitent dans la cage, surtout pendant la nuit et au clair de la lune, comme s'ils savaient qu'ils ont un voyage à faire, et ce désir de changer de lieu est si profond et si vif, qu'ils périssent alors en grand nombre du regret de ne pouvoir le satisfaire.

On reconnaît cette espèce de fauvette à la calotte noir qui, dans le mâle, couvre le derrière de la tête et le sommet jusque sur les yeux ; le cou est d'un gris ardoisé, le dos d'un gris-brun et la poitrine blanchâtre.

Cet oiseau se trouve communément en Italie, en France, en Allemagne et jusqu'en Suède.

LA FAUVETTE D'HIVER, TRAINE-BUISSON, OU MOUCHET (pl. 37).

Toutes les fauvettes partent au milieu de l'automne ; c'est alors au contraire qu'arrive celle-ci ; elle passe avec nous toute la mauvaise saison, et c'est à juste titre qu'on l'a nommée fauvette d'hiver. Les couleurs de son plumage ont une teinte beaucoup plus foncée que celles de toutes les autres fauvettes, et se rapprochent beaucoup de celles du moineau friquet ; sur un fond noirâtre, toutes ses pennes et ses plumes sont bordées d'un brun-roux ; la gorge, le devant du cou et la poitrine sont d'un cendré bleuâtre ; le ventre est blanchâtre ; sa grosseur est celle du rouge-gorge.

Ces oiseaux voyagent de compagnie ; ils s'ébattent sur les haies et vont de buisson en buisson, toujours assez près de terre, et c'est de cette habitude qu'est venu le nom de traîne-buisson. C'est un oiseau peu défiant et qui se laisse prendre facilement au piége. Il n'est point sauvage; il n'a pas la vivacité des autres fauvettes, et son naturel semble participer du froid et de l'engourdissement de la saison.

Sa voix ordinaire est tremblante; c'est une espèce de frémissement doux, *titit tititit*; il a de plus un petit ramage qui, quoique plaintif et peu varié, fait plaisir dans une saison où tout se tait : c'est ordinairement vers le soir qu'il est plus fréquent et plus soutenu.

La fauvette d'hiver place son nid dans les buissons, près de terre, ou sur la terre même; sa ponte est de quatre ou cinq œufs d'un joli bleu uni. Lorsqu'un chat ou quelqu'autre animal dangereux approche du nid, la mère, pour lui donner le change, par un instinct semblable à celui de la perdrix devant le chien, se jette devant, et voltige terre à terre, jusqu'à ce qu'elle l'ait suffisamment éloigné. Au printemps ces oiseaux abandonnent nos climats tempérés pour ceux du nord.

Cette fauvette se nourrit d'insectes comme les autres fauvettes, mais pendant le fort de l'hiver, elle s'approche des granges et des aires où l'on bat le blé pour démêler dans les pailles quelques menus grains.

LA FAUVETTE DES ALPES (pl. 37).

On trouve sur les Alpes et sur toutes les hautes montagnes du Dauphiné cet oiseau qui surpasse de beaucoup toutes les autres fauvettes en grandeur. Il a la gorge fond blanc tacheté de brun ; la poitrine gris cendré ; le dessous du corps varié de gris et de roux ; le dos gris cendré varié de brun. Cette fauvette se tient communément à terre où elle court vite et en filant comme la caille et non en sautillant comme les autres fauvettes. Elle ne s'éloigne des hautes montagnes que lorsquelle y est forcée par l'abondance des neiges.

LA FAUVETTE BABILLARDE.

Cette fauvette est celle que l'on entend le plus souvent et presque incessamment au printemps ; on la voit aussi s'élever fréquemment d'un petit vol, droit au-dessus des haies, pirouetter en l'air, et retomber en chantant une petite reprise de ramage fort vif, fort gai et toujours le même et qu'elle répète à tous momens. Ses mouvemens sont aussi vifs

et aussi fréquens que son babil est continu ;
c'est la plus remuante et la plus leste des
fauvettes. Elle niche dans les haies, le long
des grands chemins, dans les endroits fourrés,
près de terre ; elle a le sommet de la tête cendré, tout le manteau brun et le devant du
corps blanc lavé de roussâtre.

Cette fauvette se prive aisément : comme
elle habite autour de nous dans nos prés,
nos bosquets, nos jardins, elle est déjà fami-
lière à demi ; si on veut l'élever en cage il
faut attendre pour l'enlever du nid qu'elle ait
poussé ses plumes, et lui donner une baignoire
dans sa cage ; car elle meurt dans le temps
de la mue si elle n'a pas la facilité de se bai-
gner.

LE BEC-FIGUE (pl. 37).

*Famille des Passereaux subulirostres,
genre des Motacilles.*

Cet oiseau qui, comme l'ortolan fait les dé-
lices de nos tables, n'est pas aussi beau qu'il est
bon ; tout son plumage est de couleur obscure ;
le gris, le brun, le blanchâtre en font toutes
les nuances ; une tache blanche qui coupe
l'aile transversalement, est le trait le plus ap-

parent de ses couleurs. Sa longueur est d'environ cinq pouces. La femelle a toutes les couleurs plus tristes et plus pâles que le mâle.

Ces oiseaux dont le véritable climat est celui du midi, semblent ne venir dans le nôtre que pour attendre la maturité du fruit succulent dont ils portent le nom. Ils semblent changer de mœurs en changeant de climat, car ils arrivent en troupes aux contrées méridionales, et sont au contraire presque toujours dispersés pendant leur séjour dans nos climats tempérés ; ils y habitent les bois, se nourrissent d'insectes et vivent dans la solitude ou plutôt dans la douce société de leur femelle ; leurs nids sont si bien cachés qu'on a de la peine à les découvrir. Le mâle, dans cette saison, se tient au sommet de quelque grand arbre, d'où il fait entendre un petit gazouillement peu agréable. On peut exprimer son cri par *bzi bzi* ; il vole par élans, marche, ou plutôt court très-vite et ne saute point ; on les prend au lacet ou au filet à miroir, en Bourgogne et le long du Rhône ; mais c'est surtout en Provence que cette chasse a le plus de succès.

Pl. 38
Gorge bleue
Rouge gorge
Traquet
Le Motteux
Carier
Bergeronette
Lavandière

LE ROUGE GORGE (pl. 38).

Famille des Passereaux subulirostres,
genre des Motacilles.

Ce petit oiseau passe tout l'été dans nos
bois, et ne vient à l'entour de nos habitations
qu'à son départ en automne et à son retour au
printemps ; mais dans ce dernier passage il ne
fait que paraître, et il se hâte d'entrer dans les
forêts pour y retrouver dans le feuillage qui
vient de naître, sa solitude et ses amours. Il
place son nid près de terre sur les racines des
jeunes arbres, ou sur des herbes assez fortes
pour le soutenir ; il y dépose cinq et jusqu'à
six œufs de couleur brune ; pendant tout le
temps des nichées, le mâle fait retentir les
bois d'un chant léger et tendre ; c'est un ramage suave et délié, animé par quelques mo-
dulations plus éclatantes, et coupé par des
accens gracieux et touchans qui semblent être
l'expression de sa tendresse. La douce société
de sa femelle semble remplir tous ses désirs
et lui rendre importune toute autre compagnie ; il poursuit avec vivacité tous les oiseaux
de son espèce et les éloigne du petit canton
qu'il s'est choisi.

Tome II.   3

Le rouge-gorge cherche l'ombrage épais et les endroits humides : il se nourrit dans le printemps de vermisseaux et d'insectes qu'il chasse avec adresse et légèreté. On le voit voltiger comme un papillon autour d'une feuille sur laquelle il aperçoit une mouche ; à terre il s'élance par petits sauts et fond sur sa proie en battant des ailes. Dans l'automne il mange aussi des fruits de ronces, des raisins à son passage dans les vignes, et des alises dans les bois, ce qui le fait donner dans les piéges tendus pour les grives qu'on amorce de ces petits fruits sauvages.

Il n'est pas d'oiseau plus matinal que celui-ci. Le rouge-gorge est le premier éveillé dans les bois et se fait entendre dès l'aube du jour ; il est aussi le dernier qu'on y entend et qu'on y voit voltiger le soir ; il est peu défiant, facile à émouvoir, et son inquiétude ou sa curiosité fait qu'il donne facilement dans tous les piéges ; la voix seule des pipeurs ou le bruit qu'ils font en taillant les branches l'attire, et il vient derrière eux se prendre à la sauterelle ou au gluau, presqu'aussitôt qu'on l'a posé. Il suffit de faire crier quelque oiseau pour mettre en mouvement tous les rouge-gorges des environs : ils viennent en faisant entendre de loin leur cri *tirit*, *tiritit*, *tirititit*, ils voltigent avec agitation jusqu'à ce qu'ils soient arrêtés par les gluaux qu'on a placés très-bas pour les mettre à portée de leur vol ordinaire qui ne s'élève guères au-dessus de quatre ou cinq pieds de terre ; mais s'il en est un qui s'échappe du gluau, il fait entendre le cri d'alarme *ti-i*, *ti-i*, auquel tous ceux qui s'approchaient fuyent. Il n'est pas besoin d'amorcer les piéges qu'on tend aux rouge-gorges, il suffit de les tendre au bas des clairières ou dans le milieu des sentiers, et le malheureux petit oiseau, poussé par sa curiosité va s'y jeter de lui-même.

Le départ des rouge-gorges se fait sans attroupement : ils partent seul à seul, les uns après les autres; et dans le moment où tous les autres oiseaux se rassemblent et s'accompagnent, le rouge-gorge conserve son naturel solitaire ; aussi plusieurs d'entr'eux restent en arrière, soit les jeunes que l'expérience n'a pas encore instruits du besoin de changer de climat, soit ceux à qui suffisent les petites ressources qu'ils ont su trouver au milieu de nos hivers. C'est alors qu'on les voit s'approcher des habitations et chercher les expositions les plus chaudes ; s'il en est quelqu'un qui soit resé au bois dans cette rude saison, il y devient le compagnon du bûcheron, il s'approche pour se chauffer à son feu ; il becquète dans son pain et voltige toute la journée autour de lui en faisant entendre son petit cri ; mais lorsque le froid augmente, et qu'une neige épaisse couvre la terre, il vient jusque dans nos maisons, frappe du bec aux vitres, comme pour demander un asile qu'on lui donne volontiers, et qu'il paie par la plus aimable familiarité, venant ramasser les miettes de la table, paraissant reconnaître et affectionner les personnes de la maison, et prenant un ramage moins éclatant, mais encore plus délicat que celui du printemps et qu'il soutient pendant tous les frimas, comme pour saluer chaque jour la bienfaisance de ses hôtes et la douceur de sa retraite. Il y reste avec tranquillité jusqu'à ce que le printemps de retour lui annonçant de nouveaux besoins et de nouveaux plaisirs, l'agite et lui fait demander sa liberté.

Dans cet état de domesticité passagère, le rouge-gorge se nourrit à peu près de tout ; on lui voit ramasser également les mies de pain, les fibres de viande et les grains de millet.

Les couleurs de son plumage sont très-simples ; un manteau du même brun que le dos de la grive, lui couvre tout le dessus du corps et de la tête ; l'estomac et le ventre sont blancs ; le roux orangé de la poitrine est moins vif dans la femelle que dans le mâle : ils ont les yeux noirs, grands et même expressifs, et le regard doux ; le bec est faible et délié ainsi que tous les oiseaux qui vivent principalement d'insectes.

LA GORGE-BLEUE (pl. 38).

Famille des Passereaux subulirostres, genre des Motacilles.

Cet oiseau ne diffère du rouge-gorge que par le bleu brillant et azuré qui couvre sa gorge. Il s'en rapproche encore par ses mœurs, sa manière de vivre et sa familiarité avec l'homme ; mais en rapprochant ces deux oiseaux par les ressemblances, la nature semble les avoir séparés d'habitation ; le rouge-gorge demeure au fond des bois, la gorge-bleue se tient à leurs lisières, cherchant les marais, les prés humides, les oseraies et les roseaux. Quoique assez généralement répandue en Allemagne, dans une partie des Vosges et dans l'Alsace, l'espèce du gorge-bleue est bien moins nombreuse que celle du rouge-gorge.

LE TRAQUET (pl. 38).

Famille des Passereaux subulirostres , genre des Motacilles.

Cet oiseau très-vif et très-agile n'est jamais en repos ; toujours voltigeant de buisson en buisson , il ne se pose que pour quelques instans , pendant lesquels il ne cesse encore de soulever les ailes pour s'enlever à tous momens. Il s'élève en l'air par petits élans et retombe en pirouettant sur lui même. Ce mouvement continuel a été comparé à celui du *traquet* d'un moulin.

Quoique le traquet vole bas et qu'il s'élève rarement jusqu'à la cime des arbres, il se pose toujours au sommet des buissons, sur les branches les plus élancées des haies et des arbrisseaux et sur les échalas les plus hauts dans les vignes ; ce qui donne une grande facilité pour le prendre ; un gluau placé sur un bâton suffit pour cette chasse, bien connue des enfans. C'est dans les terrains arides, les landes, les bruyères et les prés en montagne qu'il se plaît davantage et où il fait entendre plus souvent son petit cri *ouistratra* d'un ton couvert et sourd.

Le traquet fait son nid dans les terrains incultes, au pied des buissons, sous leurs racines, ou sous une pierre ; il n'y entre qu'à la dérobée et après avoir passé par quelques buissons du voisinage comme pour se dérober à ses ennemis qu'il redoute ; et lorsqu'il en sort il file de même dans les buissons jusqu'à une petite distance. On imaginerait, en voyant cet oiseau entrer brusquement dans une broussaille et ayant dans le bec un ver ou un insecte qu'il porte à ses petits, que son nid doit se trouver dans cet endroit ; mais on y cherche en vain, et ce n'est qu'au pied des buissons voisins qu'on peut espérer de le trouver. La femelle pond cinq ou six œufs d'un vert bleuâtre avec quelques légères taches rousses ; le père et la mère nourrissent leurs petits de vers et d'insectes qu'ils ne cessent de leur apporter ; il semble que leur sollicitude redouble lorsque ces jeunes oiseaux s'élancent hors du nid ; il les appellent, les rallient, criant sans cesse *ouistratra*. Du reste le traquet est très-solitaire ; on le voit toujours seul, hors le temps où l'amour lui donne une compagne. Son naturel est sauvage et son instinct paraît obtus ; autant il montre d'agilité dans son état de liberté, autant il est pesant en domesticité : il n'acquiert rien par l'éducation ; on ne l'élève même qu'avec peine et toujours sans fruit.

Cet oiseau quitte nos contrées à l'approche des frimas : il part dès le mois de septembre et revient au printemps.

Le rouge bai de la poitrine du traquet est la couleur la plus remarquable. Elle s'étend en s'affaiblissant jusque sous le ventre. Le dessus du corps offre un mélange de noir et de brun ; le noir domine sur la tête et il est pur sur la gorge ; sur l'aile près du corps est une large ligne blanche ; une tache de même couleur marque chaque côté du cou.

LE TARIER OU GRAND TRAQUET (pl. 38).

L'espèce du tarier très-voisine de celle du traquet, appartient au même genre ; cependant on trouve dans leur plumage et dans leurs habitudes des différences assez grandes entre eux. Le tarier se perche rarement et se tient le plus souvent à terre, sur les taupières, dans les terres en friche ; le traquet au contraire est toujours perché. Le tarier est aussi un peu plus grand que le traquet ; leurs couleurs sont à-peu-près les mêmes, mais différemment distribuées; le tarier a le haut du corps coloré de nuances plus vives, une double tache blanche dans l'aile et une ligne blanche qui s'étend depuis le coin du bec jusque derrière la tête, et formes des espèces de sourcils. Les couleurs de la femelle sont plus pâles. Elle pond quatre ou cinq œufs d'un blanc sale, piqueté de noir. Du reste, les mœurs du tarier diffèrent peu de celles du traquet ; mais son espèce est moins nombreuse. Il se nourrit comme lui de mouches et d'autres insectes; vers la fin de l'été, il prend beaucoup de graisse, et alors il ne le cède point à l'ortolan pour la délicatesse.

LE MOTTEUX OU CUL-BLANC (pl. 38).

Famille des Passereaux subulirostres, genre des Motacilles.

Cet oiseau commun dans nos campagnes se tient habituellement sur les mottes, dans les terres fraîchement labourées, et c'est de là qu'il est appelé motteux ; il suit le sillon ouvert par la charrue pour y chercher le vermisseaux dont il se nourrit. Lorsqu'on le fait partir il ne s'élève pas, mais il rase la terre d'un vol

court et rapide , et découvre en fuyant la partie blanche du derrière de son corps, ce qui
le fait distinguer en l'air de tous les autres oiseaux et lui a fait donner le nom vulgaire de
cul-blanc.

Il est plus grand que le tarier est plus haut
sur ses pieds, qui sont noirs et grêles; le ventre
est blanc, le dos d'un beau gris cendré ou
bleuâtre; une plaque noire prend de l'angle
du bec et s'étend au-delà de l'oreille; une
bandelette blanche borde le front et passe
sous les yeux. La femelle n'a pas de plaque ni
de bandelette; un gris roussâtre règne sur son
plumage. Le bec du motteux est menu à sa
pointe et large par sa base, ce qui le rend
très-propre à saisir et avaler les insectes; il
est toujours à terre; si on le fait lever, il ne
s'éloigne pas et va d'une motte à l'autre toujours d'un vol assez court et très-bas. Posé,
il balance sa queue et fait entendre un bruit
assez sourd, *titreü, titreü;* mais toutes les fois
qu'il s'envole, il semble prononcer assez distinctement et d'une voix plus forte, *far, far,
far, far.*

Il niche sous les gazons et sous les mottes
dans les champs nouvellement labourés, ainsi
que sous les pierres dans les friches, à entrée

des terriers quittés par les lapins. Le nid est remarquable par une espèce d'abri placé au-dessus et collé contre la pierre ou la motte sous laquelle tout l'ouvrage est construit. On y trouve cinq ou six œufs d'un blanc bleuâtre clair, avec un cercle bleu plus foncé au gros bout. Le mâle se tient aux environs du nid pendant que la femelle couve, et il lui porte des fourmis et des mouches. Lorsqu'il voit un passant il court ou vole au-devant de lui faisant des petites poses, comme pour l'attirer, et quand il le voit assez éloigné, il prend sa volée en cercle et regagne le nid.

Les motteux quittent nos climats dès la fin d'août ; ils voyagent par petites troupes, et du reste sont assez solitaires.

LA LAVANDIÈRE (pl. 38).

Famille des Passereaux subulirostres, genre des Motacilles.

Elle n'est guère plus grosse que la mésange commune, mais sa longue queue semble agrandir son corps, et lui donne en tout sept pouces de longueur ; la queue elle-même en a trois et demi ; l'oiseau l'épanouit et l'étale en volant ; il s'appuie sur cette large rame, qui

lui sert pour se balancer, pirouetter, s'é-
lancer, rebrousser, et se jouer dans le vague
de l'air; et lorsqu'il est posé, il donne incessamment à cette même partie un balancement
assez vif de bas en haut, par reprises de cinq
ou six secousses. Ces oiseaux courent légèrement à petits pas très-prestes, sur la grève
des rivages; ils entrent même, au moyen de
leurs longues jambes, à la profondeur de quelques lignes, dans l'eau de la lame affaiblie, qui
vient s'épandre sur la rive basse en un léger
réseau; mais le plus souvent on les voit voltiger
sur les écluses des moulins, et se poser sur les
pierres; ils y viennent, pour ainsi dire, battre
la lessive avec les laveuses, tournant tout
le jour à l'entour de ces femmes, s'en approchant familièrement, recueillant les miettes
que par fois elles leur jettent, et semblant imiter du battement de leur queue, celui qu'elles
font pour battre leur linge : habitude qui a
fait donner à cet oiseau le nom de *lavandière*.

Le blanc et le noir jetés par masses et par
grandes taches, partagent le plumage de la
avandière; le ventre est blanc, le dessus de
la tête est couvert d'une calotte noire qui descend sur le haut du cou; la gorge est blanche,
le dos gris ardoisé.

La lavandière est de retour dans nos provinces à la fin de mars ; elle fait son nid à terre sous quelques racines , ou sous le gazon , mais le plus souvent au bord des eaux ; elle pond quatre ou cinq œufs semés de taches brunes. Le père et la mère défendent leurs petits avec courage lorsqu'on veut en approcher ; et quand on emporte leur couvée ils suivent le ravisseur , volant au-dessus de sa tête et appellant sans cesse leurs petits avec des accens douloureux ; ils les soignent aussi avec autant d'attention que de propreté , et nétoyent le nid de toutes ordures ; ils les jettent au-dehors , et même les emportent à une certaine distance : on les voit même emporter les morceaux de papier ou de paille qu'on aura semé au loin pour reconnaître l'endroit où leur nid est caché.

Les lavandières font entendre fréquemment, surtout en volant , un petit cri vif et redoublé , d'un timbre net et clair , *qui quit , qui qui quit* ; c'est une voix de ralliement ; celles qui sont à terre y répondent. C'est en automne qu'on les voit en plus grand nombre dans nos campagnes. Cette saison qui les rassemble , paraît leur inspirer plus de gaîté ; elles multiplient leurs jeux , elles se balancent en l'air, s'abattent dans les champs, se poursuivent, s'entr'appellent, et se promènent en nombre sur les toits des moulins et des villages voisins des eaux, où elles semblent dialoguer entr'elles par de petits cris coupés, et réitérés ; on croirait à les entendre, que toutes et chacune s'interrogent et se répondent tour-à-tour pendant un certain temps, et jusqu'à ce qu'une acclamation générale de toute l'assemblée donne le signal ou le consentement de se transporter ailleurs. Sur la fin de l'automne les lavandières s'attroupent en grandes bandes ; le soir on les voit s'abattre sur les saules et dans les oseraies au bord des canaux et des rivières d'où elles appellent celles qui passent, et font ensemble un chamaillis bruyant. Ces oiseaux nous quittent aux environs de l'hiver, et passent dans les climats de l'Afrique et de l'Asie.

LES BERGERONNETTES OU BERGERETTES

Famille des Passereaux subulirostres, genre des Motacilles.

L'espèce d'affection que les bergeronnettes marquent pour les troupeaux, leur habitude à les suivre dans la prairie, leur manière de voltiger, de se promener au milieu du bétail paissant ; de s'y mêler sans crainte , jusqu'à se poser quelquefois sur le dos des vaches et des moutons ; leur air de familiarité avec le berger qu'elles précèdent , qu'elles accompagnent sans défiance et sans danger , qu'elles avertissent même par leurs cris de l'approche du loup ou de l'oiseau de proie , leur on fait donner un nom approprié, pour ainsi dire , à cette vie pastorale.

Les mouches sont leur pâture pendant la belle saison ; mais quand les frimas ont abattu les insectes volans et renfermé les troupeaux dans les étables, elles se retirent sur les ruisseaux et y passent presque toute la mauvaise saison.

Toutes les bergeronnettes sont plus petites que la lavandière et ont la queue à proportion encore plus longue. L'espèce principale , nommée BERGERONNETTE GRISE (pl. 38) a le manteau gris, le dessous du corps blanc, avec une bande brune en demi-collier au cou ; la queue noirâtre ; les grandes pennes de l'aile sont brunes , les autres noirâtres et frangées de blanc.

Elle fait son nid vers la fin d'avril, communément sur un osier, près de terre , et à l'abri de la pluie ; elle pond , elle couve communément deux fois par an.

La bergeronnette, si volontiers amie de l'homme, ne se plie point à devenir son esclave ; elle meurt dans la prison de la cage ; elle aime la société et craint l'étroite captivité. Quelquefois les navigateurs la voient arriver sur leur bord, entrer dans le vaisseau, se familiariser, les suivre dans leur passage et ne les quitter qu'au débarquement. On connaît encore la *bergeronnette du printemps* et la *bergeronnette jaune*, peu différentes de la précédente et ayant des mœurs analogues.

LES FIGUIERS.

Famille des Passereaux subulirostres, genre des Motacilles.

Les oiseaux que l'on appelle figuiers, sont d'un genre voisin de celui des bec-figues. On les reconnaît à leur bec droit, délié, très-pointu, avec deux échancrures vers l'extrémité de la mandibule supérieure. On en connaît cinq espèces dans les climats très-chauds de l'ancien continent et vingt-neuf dans ceux de l'Amérique. Les plus remarquables sont : le FIGUIER VERT ET JAUNE. (*Voyez* pl. 39, le *figuier*). Cet oiseau a quatre pouces huit lignes de longueur ; il a la tête et tout le dessus du

Figuier
Protonotaire
Petit Simon
Figuier
Troglodite
Pitpit
Figuier huppé
Mésange
Charbonniere
Roitelet
Mésange bleue
Nonette Cendrée

ec

ja

q

e

b

l

se

g

l

de

f

l

té

be

corps d'un vert d'olive ; le dessous du corps jaunâtre. On le trouve au Bengale.

Le PETIT SIMON (pl. 39). Il est plus petit que le précédent ; il a le dessus du corps d'une couleur d'ardoise claire et le dessous gris-blanc. Il vole toujours en troupe ; vit d'insectes et de petits fruits mous. Lorsqu'il apperçoit dans la campagne une perdrix courir à terre , un lièvre , un chat, etc. , il voltige à l'entour en faisant un cri particulier : aussi sert-il d'indice au chasseur pour trouver le gibier. Il habite l'île de Bourbon.

Le FIGUIER HUPPÉ (pl. 39.) Il se trouve à la Guyane. Son dos est d'un brun taché de vert ; le dessous du corps est d'un gris mêlé de blanchâtre ; sur la tête il porte une petite huppe de plumes noirâtres.

Le FIGUIER PROTONOTAIRE (pl. 39.) Ce figuier que l'on trouve à la Louisiane , a la tête , la gorge , le cou, la poitrine et le ventre d'un beau jaune jonquille. Son dos est olivâtre.

En général les figuiers se nourrissent d'insectes et de fruits murs et tendres , tels que les bananes, les goyaves et les figues qui ne sont pas naturelles à ce climat, mais qu'on y a transportées d'Europe. Ils entrent dans les jardins les becqueter, et c'est de là qu'est venu leur nom

LES PIPITS.

Famille des Passereaux subulirostres, genre des Motacilles.

Ces oiseaux qui ressemblent beaucoup aux figuiers, appartiennent au nouveau continent. Ils sont sédentaires, habitent les bois et se perchent sur les grands arbres ; tandis que les figuiers ne fréquentent guères que les lieux découverts et se tiennent sur des buissons. Les pitpits ont des mœurs plus sociales que les figuiers; ils sont aussi plus vifs, plus gais et toujours sautillans. Leur bec est moins gros et leur queue est coupée quarrément, tandis qu'elle est fourchue chez les figuiers. Les plus belles espèces sont le PITPIT VERT (pl. 39), le PITPIT BLEU et le PITPIT VARIÉ ; on les trouve à Cayenne.

LE TROGLODITE, *vulgairement et improprement le* ROITELET (pl. 39).

Famille des Passereaux subulirostres, genre des Motacilles.

Ce très-petit oiseau que l'on confond avec le véritable roitelet, paraît dans les villages et près des villes, à l'entrée de l'hiver et jusque dans la saison la plus rigoureuse, exprimant d'une voix claire un petit ramage gai, particulièrement vers le soir ; se montrant un instant sur le haut des piles de bois, sur les tas de fagots où il rentre le moment d'après, ou bien sur l'avance d'un toit, où il ne reste qu'un instant, et se dérobe vite sous la couverture, ou dans un trou de muraille ; quand il en sort, il sautille sur les branchages entassés, sa petite queue toujours relevée : il n'a qu'un vol court et tournoyant et ses ailes battent d'un mouvement si vif, que les vibrations en échappent à l'œil. Ce petit oiseau, qui est presque le seul qui reste dans nos contrées jusqu'au fort de l'hiver, est toujours vif et joyeux. Son chant *sidiriti sidiriti* se fait particulièrement entendre le soir, lorsque le froid doit redoubler pendant la nuit. Il se nourrit principalement de chrysalides et de cadavres d'insectes. Quoique peu défiant et facile à se laisser approcher, il est néanmoins difficile à prendre : sa petitesse ainsi que sa prestesse, le font presque toujours échapper à l'œil et à la serre de ses ennemis.

Au printemps, le troglodite demeure dans les bois, où il fait son nid près de terre sur quelques branchages, ou même sur le gazon, quelquefois aussi sous un tronc ou contre une roche, ou bien sur l'avance de la rive d'un ruisseau, quelquefois sur le toit de chaume d'une cabane isolée dans un lieu sauvage : il amasse, pour cela beaucoup de mousse, et le nid en est à l'extérieur entièrement composé ; mais en dedans il est proprement garni de plumes : ce nid est presque tout rond, fort gros et si informe en-dehors, qu'il échappe à la recherche des dénicheurs ; car il ne paraît être qu'un tas de mousse jettée au hasard ; il n'a qu'une petite entrée fort étroite et pratiquée au côté : l'oiseau y pond neuf à dix petits œufs blancs ternes avec une zone pointillée de rougeâtre au gros bout : il les abandonne s'il s'aperçoit qu'on les ait découverts.

Le Troglodite n'a que trois pouces neuf lignes de longueur. Tout son plumage est coupé transversalement par petites zones ondées de brun foncé et de noirâtre. Le dessous du corps est mêlé de gris et de blanchâtre. Il pèse à peu près le quart d'une once. L'espèce est assez répandue en Europe ; cependant elle est peu commune dans les pays du nord. On l'élève difficilement en cage.

LE ROITELET (pl. 39).

*Famille des Passereaux subulirostres ,
genre des Motacilles.*

Le roitelet est si petit qu'il passe à travers
les mailles des filets ordinaires, et qu'il s'é-
chappe aisément de toutes les cages. Lorsqu'il
vient dans nos jardins il se glisse subtilement
dans les charmilles ; et comment ne le perdrait-
on pas bientôt de vue ? la plus petite feuille
suffit pour le cacher. Lorsqu'on est parvenu
à le prendre soit au gluau , soit au trebuchet
ou bien avec un filet assez fin , on craint de
trop presser, entre ses doigts, un oiseau
si délicat ; mais comme il n'est pas moins vif,
il est déjà loin qu'on croit le tenir encore ;
son cri aigu et perçant est celui de la sauterelle. La femelle pond six à sept œufs qui ne
sont guères plus gros que des pois, dans un
petit nid fait en boule creuse tissu solidement
de mousse et de toile d'araignée, garni en dedans du duvet le plus doux et dont l'ouverture
est dans le flanc, elle l'établit le plus souvent
dans les forêts et quelquefois dans les ifs et
les charmilles de nos jardins.

Les plus petits insectes sont la nourriture

ordinaire de ces oiseaux : l'été ils les attrapent lestement en volant, l'hiver ils les cherchent dans leurs retraites où ils sont engourdis, demi-morts, et quelquefois morts tout-à-fait; ils s'accommodent aussi de leurs larves, et de toutes sortes de vermisseaux.

Ces petits oiseaux ont beaucoup d'activité et d'agilité; ils sont dans un mouvement presque continuel, voltigeant sans cesse de branche en branche, grimpant sur les arbres, se tenant indifféremment dans toutes situations, et souvent les pieds en-haut comme les mésanges ; furetant dans toutes les gerçures de l'écorce, et tirant le petit gibier qui leur convient, ou le guettant à la sortie.

Les roitelets sont répandus, non-seulement en Europe, depuis la Suède jusqu'à l'Italie, mais encore en Asie et dans plusieurs parties de l'Amérique.

Ce qu'il y a de plus remarquable dans son plumage, c'est la belle couleur aurore bordée de noir, qui orne sa tête, et qu'il sait faire disparaître et cacher sous les autres plumes, par le jeu des muscles de sa tête. Il a le dessus du corps d'un jaune olivâtre, et tout le dessous, d'un roux clair tirant sur l'olivâtre. La femelle a la couronne d'un jaune pâle, et toutes les couleurs du plumage , plus faibles , comme c'est l'ordinaire. Le roitelet ne pèse guère plus d'un gros et demi ; sa longueur totale est de trois pouces et demi ; le corps plumé n'a pas un pouce de long.

Le POUILLOT OU CHANTRE est une espèce très-voisine du roitelet ; son corps n'est pas plus gros, mais il est un peu plus allongé. Il vit de mouches et d'autres insectes. Son plumage ressemble à celui du roitelet. Son ramage, qu'il fait entendre pendant le printemps et l'été , est fort agréable. En automne , il quitte les bois , et vient chanter dans nos jardins et nos vergers ; sa voix, dans cette saison , s'exprime par *tuit* , *tuit*. Du reste , ses mœurs et ses habitudes , sont analogues à celles des roitelets. L'espèce des pouillots est répandue dans toute l'Europe.

LES MÉSANGES.

Famille des Passereaux subulirostres.

Tous les oiseaux de ce genre sont faibles en apparence , parce qu'ils sont très-petits ; mais ils sont en même temps vifs , agissans et cou_rageux : on les voit sans cesse en mouvement ; sans cesse ils voltigent d'arbre en arbre ; ils sautent de branche en branche ; ils grimpent sur l'écorce, ils gravissent sur les murailles ; ils s'accrochent, se suspendent de toutes les manières ; souvent même la tête en bas, afin de pouvoir fouiller dans toutes les petites fentes, et y chercher les vers, les insectes ou leurs œufs; ils vivent aussi de graines ; mais au lieu de les casser dans leur bec, comme font les linottes et les chardonnerets, presque toutes les mésanges les tiennent assujéties sous leurs serres, et les percent à coups de bec ; elles percent de même les noisettes, les amandes, etc. etc. Si on leur suspend une noix, au bout d'un fil, elles s'accrochent à cette noix, et en suivent les oscillations ou balancemens, sans lâcher prise, sans cesser de la becqueter.

La plupart des mésanges d'Europe, se trouvent dans nos climats, en toute saison, mais jamais en aussi grand nombre que sur la fin de l'automne. Durant la mauvaise saison, elles vivent de quelques graines sèches, de quelques dépouilles d'insectes ; elles pincent aussi les boutons naissans ; et s'accommodent des œufs de chenilles; enfin elles cherchent dans la campagne des petits oiseaux morts, et si elles en trouvent de vivans, affaiblis par la maladie, embarrassés dans les piéges, en un mot sur qui elles aient l'avantage, fussent-ils de leur espèce, elles leur percent le crâne, et se nourrissent de leur cervelle. Cette cruauté n'est pas toujours justifiée par le besoin, puisqu'elles se la permettent dans les volières où elles ont en abondance la nourriture qui leur convient. Pendant l'été, elles mangent, outre les amandes, les noix, les insectes, toutes sortes de noyaux, des châtaignes, des figues, et diverses menues graines. Comme ces oiseaux font la guerre aux abeilles, et font par là beaucoup de tort aux propriétaires de ruches, on emploie toutes sortes de moyens, pour leur destruction, ou au moins pour empêcher leur trop grande multiplication. La fécondité des mésanges est extrême ; elles pondent jusqu'à dix-huit ou vingt œufs : les unes dans des trous d'arbres, les autres dans des nids en boule et d'un volume disproportionné à la taille d'un si petit oiseau. Elles ont beaucoup d'attachement pour leurs petits, et elles les défendent avec intrépidité.

Le cri de la mésange est rauque et désagréable : on prétend cependant qu'elles sont capables d'apprendre à siffler des airs.

Les principales espèces de mésanges sont :

La CHARBONNIÈRE ou *grosse Mésange* (pl. 39). Elle se plaît sur les montagnes, dans les plaines ; elle se tient sur les buissons, dans les bois, les taillis. Le chant du mâle ressemble au grincement d'une lime ou d'un verrou ; il le fait entendre, surtout la veille des jours de pluie, mais au printemps, il prend une autre modulation, et devient plus agréable. Cette mésange s'apprivoise assez aisément. Elle a sur la tête une espèce de capuchon d'un noir brillant ; de chaque côté, au-dessous des yeux, est une grande tache blanche, presque triangulaire ; son dos est d'un vert olivâtre, et le dessous du corps d'un jaune tendre ; sa longueur est d'environ six pouces, et son poids d'une once.

La NONNETTE CENDRÉE (pl. 39). Elle se tient dans les bois plus que dans les vergers et les jardins, vivant de menues graines, faisant la guerre aux guêpes, aux abeilles et aux chenilles, formant, ainsi que toutes les mésanges, des provisions de chenevis, lorsqu'elle en trouve l'occasion. Cet oiseau se trouve en Suède, en Norwège, dans les forêts qui bordent le Danube, en Lorraine, en Italie. C'est un oiseau solitaire, qui reste toute l'année, et que l'on nourrit difficilement en cage. Il se plaît dans les lieux aquatiques. Son plumage est cendré sur le dos et blanc sale sur le dessous du corps; il a aussi un capuchon noir, et une tache blanche au-dessous de l'œil. Cette mésange, beaucoup plus petite que la précédente, n'a que quatre pouces et demi de longueur.

La **mésange bleue** (pl. 39). Il est peu de petits oiseaux aussi connus que celui-ci, parce qu'il en est peu qui soient aussi communs, aussi faciles à prendre , et aussi remarquables par les couleurs de leur plumage ; le bleu domine sur la partie supérieure , le jaune sur l'inférieure ; le noir et le blanc paraissent distribués avec art pour séparer et pour relever ces couleurs. Cet oiseau fait beaucoup de dommage dans nos jardins en pinçant les boutons des arbres fruitiers , et en détachant de sa branche le fruit tout formé , qu'il porte ensuite à son magasin. Pendant l'été il habite les bois ; l'hiver il vient dans nos vergers et dans nos jardins. Cette mésange est à-peu-près de la grosseur de la nonnette cendrée.

Le **moustache** (pl. 47). Les mœurs de cette mésange sont peu connues, parce que l'espèce en est peu répandue ; on en trouve cependant beaucoup en Danemarck. Le trait le plus caractéristique de la physionomie du mâle est une plaque noire à-peu-près triangulaire qu'il a de chaque côté de la tête. Il a le dessus du corps d'un roux clair, la tête d'un gris perle, la gorge et le devant du cou d'un blanc argenté, la poitrine d'un blanc plus ou moins pur, et le dessous du corps roussâtre. Sa longueur est de six pouces un quart. La femelle n'a point de plaque noire aux côtés de la tête.

La RÉMIZ (pl. 40). Cette espèce de mésange habite les endroits marécageux de l'Italie; on la trouve aussi dans la Bohème, la Silésie, la Lorraine, la Russie. Son plumage est gris teinté de roussâtre sur le dos; la gorge et le dessous du corps sont blanchâtres; sur le front est un bandeau noir qui s'étend jusqu'au delà des yeux.

Ce qu'il y a de plus curieux dans l'histoire du rémiz, c'est l'art qu'il apporte à la construction de son nid. Il y emploie le duvet qui se trouve aux aigrettes de diverses semences. Il entrelasse cette matière filamenteuse et en forme un tissu épais et serré, presque semblable à du drap; il fortifie le dehors avec des fibres et de petites racines qui font en quelque sorte la charpente du nid; il garnit le dedans du nid du même coton non ouvré, pour que ses petits y soient mollement; il le suspend avec du

Mésange à longue queue
Moustache femelle
Moustache mâle
Grimpereau de France
Sittelle
Remiz
Souï-Manga
Grimpereau de Muraille
Grimpereau de Guyanne
Oiseau brun à bec de Grimpereau
Souï-Manga à longue queue
Penduline

chanvre, avec de l'ortie, à la bifurcation d'une petite branche flexible, donnant sur une eau courante, pour qu'ils soient bercés plus doucement par la liante élasticité de la branche, et qu'ils soient en sûreté contre les rats, les lézards et les couleuvres.

La PENDULINE (pl. 40). Cette espèce de mésange que l'on trouve dans le Languedoc, suspend aussi son nid aux rameaux flexibles des arbres, et le construit avec plus d'industrie encore que le rémiz. Son plumage est gris roussâtre sur le dos ; le dessous du corps est d'un blanc roussâtre. Sa longueur totale est d'environ quatre pouces.

La MÉSANGE A LONGUE QUEUE (pl. 40). La queue de ce petit oiseau est plus longue que tout le reste de son corps, et comme il a d'ailleurs le corps effilé et le vol rapide, on le prendrait, lorsqu'il vole, pour une flèche qui fend l'air. Il place son nid à trois ou quatre pieds de terre sur les branches d'un arbrisseau. Il lui donne une forme ovale et y ménage souvent deux issues qui se répondent, afin d'éviter l'embarras de se retourner avec sa longue queue. Cet oiseau n'est guère plus gros qu'un roitelet. Sa tête, sa gorge et tout le dessous du corps sont blancs. Du derrière de son cou qui est noir, part une bande de même couleur qui parcourt toute la partie supérieure du corps entre deux larges bandes d'un rouge fauve.

LA SITTELLE, *vulgairement le* TORCHE-POT
(pl. 40).

*Famille des Passereaux subulirostres,
genre des Motacilles.*

La sittelle a beaucoup de rapport avec la mésange, mais elle en diffère par la forme de son bec. Elle ne change pas de climat ; seulement en hiver elle cherche les bonnes expositions et s'approche des lieux habités. Elle se met à l'abri dans les trous des murailles et se tient habituellement sur le tronc des arbres où elle aime à grimper. Quoiqu'elle mène une vie solitaire, elle n'est pas insociable et lorsqu'on la renferme dans une volière, elle vit en bonne intelligence avec les autres oiseaux.

Cet oiseau établit son nid dans le trou d'un vieil arbre ; si l'ouverture extérieure de ce trou est trop large, il le rétrécit avec de la terre grasse qu'il gâche et façonne, dit-on, comme ferait un potier, d'où lui est venu le nom de *torche-pot*. La femelle couve ses œufs avec tant d'assiduité qu'elle se laisse arracher les plumes plutôt que de les abandonner ; elle attend que son mâle lui apporte à manger, et ce mâle paraît remplir ce devoir avec affection.

Le cri ordinaire de la sittelle est *ti , ti , ti , ti , ti , ti ,* qu'elle répète en grimpant autour des arbres et dont elle précipite la mesure de plus en plus. Le mâle a toute la partie supérieure de la tête et du corps d'un cendré bleuâtre , la gorge et les joues blanchâtres , la poitrine et le ventre orangé, les rectrices noires et quatre taches blanches sur le côté. La femelle a les couleurs plus faibles et n'a point de taches blanches. La longueur totale de l'oiseau est de six pouces.

LES GRIMPEREAUX.

Famille des Passereaux ténuirostres.

On donne le nom de grimpereaux à une tribu de petits oiseaux qui, de même que les pics , les sittelles et les mésanges , grimpent très-légèrement sur les arbres , soit en montant ou en descendant, soit sur les branches , soit dessous : ils courent aussi fort vite le long des poutres , dont ils embrassent la carne avec leurs petits pieds ; mais ils diffèrent des pics par le bec et la langue, et des sittelles et mésanges, seulement par la forme de leur bec, plus long que celui des mésanges, et plus arqué que celui des sittelles : aussi ne s'en servent-ils pas pour frapper l'écorce, comme font ces autres oiseaux, pour en faire sortir les insectes qui se trouvent dessous ; mais ils ont l'instinct de se mettre à la suite de ces oiseaux, d'en faire, pour ainsi dire, leurs chiens de chasse, et de saisir adroitement le petit gibier que ces *becque-bois* croient ne faire lever que pour eux-mêmes.

Le GRIMPEREAU ORDINAIRE (pl. 4o) est presque aussi petit que le roitelet, et comme lui presque toujours en mouvement. Il reste toute l'année dans le pays qui l'a vu naître ; un tronc d'arbre est son habitation ordinaire ; c'est de là qu'il va à la chasse des insectes. La femelle pond cinq ou tout au plus sept œufs, cendrés et marqués de points et de traits d'une couleur plus foncée.

Le grimpereau a la gorge d'un blanc pur ; le dessous du corps est roussâtre, le dessus varié de roux, de blanc et de noirâtre. La tête est d'une teinte rembrunie ; le tour des yeux et des sourcils est blanc.

LE GRIMPEREAU DE MURAILLES (pl. 40).
Tout ce que le grimpereau précédent fait sur
les arbres, celui-ci le fait sur les murailles :
il y loge, il y grimpe, il y chasse ; il pond,
comme eux, dans des trous d'arbres. Ces
oiseaux volent en battant des ailes, et, quoique plus gros que le précédent, ils sont
aussi remuans et aussi vifs : les mouches,
les fourmis, et surtout les araignées sont leur
nourriture ordinaire. Le mâle a sous la gorge
une plaque noire, qui se prolonge sur le devant du cou : le dessus de la tête et du corps
d'un joli cendré ; le dessous du corps d'un
cendré beaucoup plus foncé. La femelle a la
gorge blanchâtre. La longueur totale de cet
oiseau est de six pouces et demi.

Parmi les oiseaux étrangers qui ont rapport
au grimpereau, on distingue les diverses espèces
de SOUI-MANGA. Ces oiseaux appartiennent à
l'Afrique et à l'Asie ; leur plumage est enrichi
des plus brillantes couleurs ; on y remarque toutes les nuances de bleu, d'orangé, de rouge, de
pourpre, relevées encore par l'opposition des
différentes teintes de brun et de noir velouté,
qui leur servent d'ombre. On croirait que la
nature a employé la matière des pierres précieuses, telles que le rubis, l'émeraude, l'a-

méthiste, l'aigue-marine, la topaze, pour en composer les barbes de leurs plumes. On trouve à Madagascar le SOUI-MANGA, proprement dit (pl. 40). Le SOUI-MANGA A LONGUE QUEUE (pl. 40) habite les environs du cap de Bonne-Espérance. L'OISEAU BRUN A BEC DE GRIMPEREAU (pl. 41) est aussi un soui-manga. On en connaît encore beaucoup d'autres espèces.

Les GUIT-GUIT appartiennent aussi à la tribu des grimpereaux, mais ils habitent le nouveau continent, et principalement la Guyane; leur bec est moins long que celui des grimpereaux proprement dits et des soui-mangas. Plusieurs d'entr'eux ne grimpent pas sur les arbres. Leur plumage n'est pas moins riche que celui des soui-mangas; celui du GUIT-GUIT NOIR ET BLEU (pl. 41) se fait remarquer par l'éclat de son bleu d'outremer, et par son noir velouté; on connaît encore le *guit-guit varié*, le *guit-guit noir et violet*, le *sucrier*, etc.

L'OISEAU - MOUCHE (pl. 41).

Famille des Passereaux ténuirostres, genre des Colibris.

De tous les êtres animés, voici le plus élégant pour la forme et le plus brillant pour les couleurs. Les pierres et les métaux polis par notre art, ne sont pas comparables à ce bijou de la nature ; elle l'a placé dans l'ordre des oiseaux, au dernier degré de l'échelle de grandeur ; son chef-d'œuvre est le petit oiseau-mouche ; elle l'a comblé de tous les dons qu'elle n'a fait que partager aux autres oiseaux; légèreté, rapidité, prestesse, grâces et riche parure, tout appartient à ce favori. L'émeraude, le rubis, la topaze brillent sur ses habits ; il ne les souille jamais de la poussière et de la terre, et dans sa vie toute aérienne, on le voit à peine toucher le gazon; il est toujours en l'air, volant de fleurs en fleurs ; il a leur fraîcheur comme il a leur éclat : il vit de leur nectar, et n'habite que les climats où sans cesse elles se renouvellent.

C'est dans les contrées les plus chaudes du Nouveau-Monde que se trouvent toutes les espèces d'oiseaux-mouches ; elles sont assez nombreuses, et paraissent confinées entre les deux tropiques ; car ceux qui s'avancent en été dans les zones tempérées, n'y font qu'un court séjour ; ils semblent suivre le soleil, s'avancer, se retirer avec lui, et voler sur l'aile des zéphyrs, à la suite d'un printemps éternel.

Les petites espèces de ces oiseaux sont au-dessous du bourdon pour la grosseur; leur bec est une aiguille fine, et leur langue un fil délié; leurs petits yeux noirs ne paraissent que comme deux points brillans; les plumes de leurs ailes sont si délicates, qu'elles en paraissent transparentes; à peine aperçoit-on leurs pieds, tant ils sont courts et menus; ils en font peu d'usage; ils ne se posent que pour passer la nuit, et se laissent pendant le jour emporter dans les airs; leur vol est continu, bourdonnant et rapide; quelquefois l'oiseau s'arrêtant dans les airs, paraît non-seulement immobile, mais tout-à-fait sans action; on le voit s'arrêter quelques instans devant une fleur et partir comme un trait pour aller à une autre; il les visite toutes, plongeant sa petite langue dans leur sein, les flattant de ses ailes sans jamais s'y fixer, mais aussi sans les quitter jamais; il ne presse ses inconstances, que pour mieux suivre ses amours, et multiplier ses jouissances innocentes; car cet animal qui voltige sans cesse sur les tiges des fleurs, vit à leurs dépens sans les flétrir; il ne fait que pomper leur miel, et c'est à cet usage que sa langue paraît uniquement destinée; elle est composée de deux fibres creuses formant un petit canal divisé au bout en deux filets ; elle a la forme d'une trompe dont elle fait les fonctions ; l'oiseau la darde hors de son bec : il la plonge jusqu'au fond du calice des fleurs pour en tirer les sucs dont il se nourrit.

Rien n'égale la vivacité de ces petits oiseaux, si ce n'est leur courage , ou plutôt leur audace : on les voit poursuivre avec furie des oiseaux vingt fois plus gros qu'eux, s'attacher à leur corps , et se laisser emporter par leur vol , les becqueter à coups redoublés jusqu'à ce qu'ils ayent assouvi leur petite colère. Quelquefois ils se livrent entre eux de très-vifs combats ; l'impatience paraît être leur âme : s'ils s'approchent d'une fleur et qu'ils la trouvent fanée , ils lui arrachent les pétales avec une précipitation qui montre leur dépit ; ils n'ont pas d'autre voix qu'un petit cri *screp*, *screp* , fréquent et répété ; ils le font entendre dans les bois dès l'aurore jusqu'à ce qu'aux premiers rayons du soleil , tous prennent l'essor et se dispersent dans les campagnes.

Ils vivent solitaires ; mais à l'époque des nichées , ils se réunissent deux à deux , mâle et femelle. Celle-ci construit avec un coton fin , ou une bourre soyeuse , recueillie sur les fleurs , un nid d'un tissu épais et serré et gros comme la moitié d'un abricot ; elle l'attache à une feuille , à un brin d'oranger , de citronnier , et y pond deux œufs tout blancs et pas plus gros que des petits pois ; le mâle et la femelle les couvent tour-à-tour pendant douze jours ; les petits éclosent le treizième jour , et ne sont pas plus gros alors que des mouches. Cet oiseau , qu'on ne peut élever en cage , meurt aussitôt qu'il est pris. Les jeunes indiennes se servent de ces charmans oiseaux pour parure , et les portent en guise de boucles d'oreilles. On les prend en leur jetant de l'eau avec des seringues : toute autre atteinte les froisserait et les rendrait méconnoissables.

On connaît vingt-quatre espèces d'oiseaux-mouches. Celle qu'on nomme , le *plus petit oiseau-mouche* , n'a guère que neuf lignes de longueur , non compris sa queue qui a environ six lignes; son plumage est d'un vert-doré sur le dos; ses ailes sont d'un brun-violet; le dessous de son corps gris. Le *rubis* , l'*améthiste*, l'*or-vert*, le *saphir*, l'*escarboucle* , le *vert-doré* , sont les noms des principales espèces de ce genre : ces noms donnent une idée de la richesse de leur plumage.

Les Oiseaux Mouches

Les Colibris.

Guit-Guit
noir et bleu

LE COLIBRI (pl. 41)

Famille des Passereaux ténuirostres

La nature, en prodiguant tant de beautés à l'oiseau-mouche, n'a pas oublié le colibri, son voisin et son proche parent ; elle l'a produit dans le même climat, et formé sur le même modèle. Aussi brillant, aussi léger que l'oiseau-mouche, et vivant comme lui sur les fleurs, le colibri est paré de même de tout ce que les plus riches couleurs ont d'éclatant, de moëlleux, de suave ; et ce que nous avons dit de la beauté de l'oiseau-mouche, de sa vivacité, de son vol bourdonnant et rapide, de sa constance à visiter les fleurs, de sa manière de nicher et de vivre, doit s'appliquer également au colibri : un même instinct anime ces deux charmans oiseaux ; et comme ils se ressemblent presqu'en tout, souvent on les a confondus sous un même nom ; mais on reconnaîtra toujours le colibri à son bec plus long et courbé dans toute sa longueur, tandis qu'il est droit dans l'oiseau-mouche.

Aussi délicat que l'oiseau-mouche, le colibri périt de même en captivité. On a vu cependant le père et la mère, par audace de tendresse, venir jusque dans les mains du ravisseur porter de la nourriture à leurs petits. Le père Labat rapporte qu'un religieux ayant pris un nid de colibris, le mit dans une cage à la fenêtre de sa chambre, où le père et la mère ne manquèrent pas de venir donner à manger à leurs enfans, et s'apprivoisèrent tellement qu'ils ne sortaient plus de là chambre, où, sans cage et sans contrainte ils venaient manger et dormir avec leurs petits. «Je les ai vus tous quatre, dit-il, sur le doigt du père Montdidier, chantant comme s'ils eussent été sur une branche d'arbre.... Je n'ai rien vu de plus aimable que ces quatre petits oiseaux qui voltigeaient de tous côtés devant et dehors de la maison, et qui revenaient dès qu'ils entendaient la voix de leur père nourricier.... Il les conserva pendant cinq ou six mois, et nous espérions de voir de leur race : quand le père Montdidier ayant oublié un soir d'attacher la cage où ils se retiraient, à une corde qui pendait du plancher, ils furent dévorés par les rats. »

Les principales espèces de colibris sont, le *colibri topase*, le *grenat*, le *brin-blanc*, le *colibri huppé*, le *colibri bleu*, le *petit colibri*, etc.

Lori
Maccarin
Vasa
Kakatois
Perruche a Collier Rose
Lori perruche
Ara-vert
Moineau de Guinée
Coulacissi

LES PERROQUETS.

Famille des Grimpeurs lévirostres.

Les animaux que l'homme a le plus admirés, sont ceux qui lui ont paru le plus participer à sa nature. Il s'est émerveillé lorsqu'il en a vu quelques-uns faire ou contrefaire les actions humaines ; le singe par la ressemblance des formes extérieures, et le perroquet par l'imitation de la parole, lui ont paru des êtres privilégiés, intermédiaires entre l'homme et la brute : faux jugement produit par la première apparence, mais bientôt détruit par l'examen et la réflexion...... La faculté de l'imitation de la parole ou de nos gestes ne donne aucune prééminence aux animaux qui sont doués de cette apparence de talent naturel. Le singe qui gesticule, le perroquet qui repète nos mots, n'en sont pas plus en état de croître en intelligence et de perfectionner leur espèce : ce talent se borne dans le perroquet à le rendre plus intéressant pour nous, mais ne suppose en lui aucune supériorité sur les autres oiseaux, sinon qu'ayant plus éminemment qu'aucun d'eux cette faculté d'imiter la parole, il doit

4*

avoir le sens de l'ouïe et les organes de la voix plus analogues à ceux de l'homme ; et ce rapport de conformité, qui dans le perroquet est au plus haut degré, se trouve, à quelques nuances près, dans plusieurs autres oiseaux dont la langue est épaisse, arrondie, et de la même forme que celle du perroquet : les sansonnets, les geais, les merles, les choucas, etc., peuvent imiter la parole. Ceux qui ont la langue fourchue, et ce sont presque tous nos petits oiseaux, sifflent plus aisément qu'ils ne jasent. Enfin ceux dans qui cette organisation se trouve réunie avec la sensibilité de l'oreille et la réminiscence des ensations reçues par cet organe, apprennent aisément à répéter les airs, c'est-à-dire, à siffler en musique. Le serin, la linotte, le tarin, le bouvreuil semblent être naturellement musiciens. Le perroquet, soit par imperfection d'organe, soit par défaut de mémoire, ne fait entendre que des cris ou des phrases très-courtes, et ne peut ni chanter, ni répéter des airs modulés ; néanmoins il imite tous les bruits qu'il entend, le miaulement du chat, l'aboiement du chien, et les cris des oiseaux, aussi facilement qu'il c ontrefait la parole....

Le genre nombreux des perroquets renferme plus de cent espèces toutes particulières aux climats chauds. On le divise en deux grandes sections : les perroquets de l'ancien continent, c'est-à-dire, de l'Afrique, de l'Asie, et ceux du Nouveau-Monde. La première section se subdivise en cinq tribus ; savoir, les *kakatoës*, les *perroquets proprement dits*, les *loris*, les *perruches à longue queue* et les *perruches à queue courte*.

La seconde section, qui comprend les perroquets d'Amérique, forme six tribus : les *aras*, les *amazones*, les *criks*, les *papegais*, les *perriches à longue queue* et les *perriches à queue courte*.

Commençons par les perroquets de l'ancien continent :

1. LES KAKATOÈS (pl. 42). Ce sont les plus grands perroquets de l'ancien continent ; ils appartiennent à l'Asie méridionale ; on les reconnaît à leur plumage blanc, à leur bec très-crochu, et à la belle huppe dont leur tête est ornée, et qu'ils relèvent ou abaissent à volonté. Ces perroquets apprennent difficilement à parler : mais on en est dédommagé par la facilité de leur éducation. Leur intelligence paraît supérieure à celle des autres perro-

quets. En 1775, on en a vu deux, l'un mâle et l'autre femelle, à la foire Saint-Germain, à Paris, qui obéissaient avec beaucoup de docilité, soit pour étaler leur huppe, soit pour saluer les personnes, d'un signe, soit pour répondre aux questions de leur maître, par des signes très-expressifs, qui exprimaient un oui et un non; ils indiquaient aussi, par signes, le nombre de personnes qui étaient dans la chambre, l'heure qu'il était, la couleur des habits, etc.

Les principales espèces de kakatoès sont : le *kakatoès à huppe blanche*, ceux *à huppe jaune* et *à huppe rouge*, et le *kakatoès noir*, seule espèce dont le plumage ne soit pas blanc.

2. Les PERROQUETS proprement dits. Ils sont tous originaires d'Afrique, et forment huit espèces. Le *jaco* ou *perroquet cendré*, est une des principales. C'est l'espèce que l'on apporte le plus communément en Europe, et qui s'y fait le plus aimer, tant par la douceur de ses mœurs, que par ses talens et sa docilité; en quoi il égale au moins le perroquet vert, sans avoir ses cris désagréables. On sait que tout son corps est d'un beau gris perle et que sa queue est d'un rouge de vermillon.

Non-seulement cet oiseau a la faculté d'imiter la voix de l'homme, il semble encore en avoir le désir; il le manifeste par son attention à écouter, par l'effort qu'il fait pour répéter : souvent on est étonné de lui entendre répéter des mots on des sons qu'on n'avait pas pris la peine de lui apprendre : témoin ce perroquet de Henri VIII, roi d'Angleterre, qui étant tombé dans la Tamise, appela les bateliers à son secours, comme il avait entendu les passagers les appeler du rivage : sa mémoire lui sauva la vie ; les bateliers, croyant entendre la voix d'un homme, vinrent à son secours. C'est surtout dans les premières années, qu'il montre le plus de docilité et d'intelligence, et qu'il a le plus de mémoire. On en cite un qui répétait correctement le symbole des apôtres, et un autre qui servait d'aumônier dans un vaisseau, car il récitait la prière aux matelots, et ensuite le rosaire.

L'espèce de société que le perroquet contracte avec nous, par le langage, est plus douce que celle à laquelle le singe peut prétendre ; il récrée, il distrait, il amuse ; dans la solitude, il est compagnon ; dans la conversation, il est interlocuteur ; il répond, il accueille, il appelle, il jette l'éclat des ris, il exprime l'accent de l'affection, il joue la gravité de la sentence ; ses petits mots, tombés au hasard, égayent par les disparates, ou, quelquefois, surprennent par la justesse. On en cite un qui, lorsqu'on lui disait : *riez, perroquet, riez*, riait effectivement, et l'instant d'après, s'écriait avec un grand éclat : *O! le grand sot, qui me fait rire.* M. Buffon en a vu un autre qui avait vieilli avec son maître, et partageait avec lui les infirmités du grand âge : accoutumé à ne plus guère entendre que ces mots : *je suis malade*, lorsqu'on lui demandait : *qu'as-tu, perroquet? qu'as-tu ? Je suis malade !* répondait-il, d'un ton douloureux, et en s'étendant sur le foyer, *je suis malade !* Avec cette imitation de nos paroles, le perroquet semble prendre quelque chose de nos inclinations, de nos mœurs ; il aime et il hait ; il a des attachemens, des jalousies, des préférences, des caprices ; il s'admire, s'applaudit, s'encourage ; il se réjouit et s'attriste ; il semble s'émouvoir et s'attendrir aux caresses ; il donne des baisers affectueux ; dans une maison de deuil, il apprend à gémir. On voit, dans les annales de Constantin - Manassès , l'histoire du jeune prince Léon, fils de l'empereur Basile, condamné à mort par ce père impitoyable, que les gémissemens de tout ce qui l'environnait ne pouvait toucher, et dont les accens de l'oiseau, qui avait appris à déplorer la destinée du jeune prince, émurent enfin le cœur barbare.

Le perroquet aime à peu près également toute espèce de nourriture : dans son pays natal, il vit de presque toutes les sortes de fruits et de grains ; en domesticité il mange presque de tous nos alimens, mais la viande, qu'il préférerait, lui est extrêmement contraire ; elle lui donne une maladie, ou appétit contre nature, qui le force à sucer, à ronger ses plumes, et à les arracher brin à brin, partout où son bec peut atteindre. Il est très-sujet aussi à l'épilepsie et à la goutte.

Il est rare de voir les perroquets produire dans nos climats, mais cela n'est pas sans exemple.

Le vasa ou perroquet noir (pl. 42). Il vient de Madagascar ; son plumage est d'un noir bleuâtre ; il est docile et familier. — Le mascarin (pl. 42) est ainsi nommé parce qu'il a autour du bec une sorte de masque noir ; son bec est rouge et son corps est brun.

On le trouve à l'île de Bourbon. On connaît encore *le perroquet vert*, *le perroquet varié*, etc.

3. Les loris. On a donné ce nom dans les Indes orientales à une famille de perroquets dont le cri exprime assez bien le mot *lori*. La couleur de leur plumage est d'un rouge plus ou moins foncé; leur bec est plus petit, moins courbé et plus aigu que celui des autres oiseaux de ce genre. Avec plus de vivacité et plus d'agilité, ils ne sont pas moins dociles que les perroquets dont nous venons de parler. Ils apprennent très-aisément à siffler et à articuler des paroles. Les principales espèces sont le *lori noir* et le *lori perruche* (pl. 42), le *lori tricolor*, le *grand lori*, etc.

4. Les perruches a queue longue. L'espèce principale de cette tribu est la *perruche à colier rose* qui a été le premier perroquet connu des anciens. Les Romains en faisaient, tant de cas qu'ils logeaient cet oiseau dans des cages d'argent, d'écaille et d'ivoire, et que le prix d'un perroquet fut quelquefois plus grand chez eux que celui d'un esclave.

Cette belle perruche a le plumage d'un beau vert; un demi collier, couleur de rose, entoure le derrière du cou; le bec d'un rouge vermeil et une tache pourprée au sommet de l'aile. Sa longue queue mêlée de vert et de bleu, est doublée d'un jaune tendre. Il y a une autre *perruche à collier rose* (pl. 42), mais elle diffère de celle-ci, en ce que sa queue quoique longue, est inégalement étagée ; son bec est rouge-brun. On connaît encore les *perruches à tête rouge* et *à tête bleue*, la *perruche-lori*, la *perruche jaune* etc.

5. PERRUCHE A QUEUE COURTE. Elles sont très-répandues dans l'Asie méridionale et dans l'Afrique. La plus jolie espèce de cette tribu est le *moineau de Guinée* (pl. 42). On l'apporte souvent en Europe à cause de la beauté de son plumage, de sa familiarité et de sa douceur ; car il n'apprend pas à parler, et n'a qu'un cri assez désagréable. Il vit assez long-temps dans nos climats en le nourrissant de graines de panis et d'alpiste, pourvu qu'on le mette par paire dans sa cage ; mais si l'un des deux oiseaux appariés vient à mourir, l'autre s'attriste et ne lui survit guères. Cette petite perruche à le corps tout vert marqué par une tache d'un beau bleu, sur le croupion, et par une marque d'un rouge brillant qui descend jusque sous la gorge. — Le *coulassisi* (pl. 42), autre espèce de la même tribu vient des îles

Philippines, il a de plus que le précédent un demi-collier orangé sur le dessus du cou. On connaît encore la *perruche à tête bleue*, celles *aux ailes d'or, aux ailes bleues, aux ailes variées, aux ailes noires*, etc.

Perroquets du Nouveau Continent.

1. **Les aras.** De tous les perroquets l'ara et le plus grand et le plus magnifiquement paré ; le pourpre, l'or et l'azur brillent sur son plumage ; il a l'œil assuré, la contenance ferme ; son naturel paisible le rend aisément familier et même susceptible d'attachement. Sa voix n'est qu'un cri ; il semble dire *ara* d'un ton rauque et désagréable. On connaît les aras à la peau nue et d'un blanc sale qui couvre les deux côtés de la tête, l'entoure par dessous et recouvre aussi la base de la mandibule inférieure du bec. L'ara rouge se trouve dans tous les climats chauds de l'Amérique. Tout le corps excepté les ailes, est d'un rouge vermeil ; le bleu, le jaune, le vert, nuancent d'une manière admirable les ailes et la queue. La chair de l'ara est assez bonne à manger. Les Indiens se servent de ses plumes pour faire des bonnets de fête et d'autres parures ; ils se posent quelques-unes de ces belles plumes à travers

Perroquet Tapué
Amazone à tête Jaune.
Amazone à tête blanche
Perriche Ara
Papegaye maillé
Aputé juba
Acouné
Maïpouri

les joues, la cloison du nez et les oreilles. — *L'ara bleu* est entièrement d'un bleu d'azur sur le dessus du corps et d'un beau jaune en dessous. — *L'ara vert* (pl. 42), bien plus rare que les perruches, est aussi plus petit; son corps est d'un vert magnifique, et ses ailes sont nuancées de bleu; il est familier et caressant. On le trouve à la Guyanne.

2. LES AMAZONES. Ces perroquets viennent originairement du pays des Amazones. Ils sont plus petits que les aras et on les distingue des *criks* par la tache rouge qui orne leurs ailes et par les couleurs plus vives de leur plumage. Les principales espèces de cette tribu sont *l'amazone à tête jaune* (pl. 43). Son plumage est d'un vert brillant, ses ailes sont variées de vert, de noir, de bleu-violet et de rouge. — *L'Amazone à tête blanche*, porte un bandeau blanc sur le front; sa gorge et le devant du cou sont d'un beau rouge. Le reste du plumage est d'un vert varié à l'exception des grandes pennes de l'aile qui sont bleues. On connaît encore *l'amazone jaune*, *l'aou-rou - couraou*, le *tarabé*.

3. LES CRIKS. Ce sont les perroquets d'A-mérique les plus communs et ceux qui parlent

le mieux ; le *crik à tête et à gorge jaune*, le *crik rouge et bleu*, le *crik vert de Cayenne*, le *crik à tête violette*, sont les espèces les plus remarquables de cette tribu. Les sauvages ont l'art de varier les couleurs de leur plumage, ce qu'ils appellent *tapirer* (voyez le *crik tapiré* pl. 43). Ils se servent pour cette opération du sang d'une grenouille très-petite, et d'un beau bleu d'azur avec des bandes longitudinales de couleur d'or. Ils arrachent à un jeune crik quelques plumes de la poitrine et du dos, et ils frottent du sang de la grenouille, l'oiseau à demi plumé, les plumes qui renaissent après cette opération, au lieu de vertes qu'elles étaient, deviennent d'un beau jaune ou d'un très-beau rouge.

4. LES PAPEGAIS. Ils sont en général plus petits que les amazones. Ils en diffèrent, ainsi que les criks en ce qu'ils n'ont point de rouge dans les ailes. Le *papegai maillé* (pl. 43), a le haut de la tête entourée de plumes étroites et longues qu'il relève lorsqu'il est irrité. Son plumage est varié de brun, de vert et de bleu-violet. — Le *tavoua* est aussi un papegai ; c'est peut-être de tous les perroquets celui qui parle le mieux ; mais il est traître et méchant. Il a

le dos et le croupion d'un très-beau rouge; le dessus du corps vert, les plumes des ailes noires et le dessus de la tête bleu.

5. LES PERRICHES A QUEUE LONGUE. On distingue dans cette tribu l'*aputé juba* (pl. 43), qui est très-commune à Cayenne. Son front, les côtés de la tête et le haut de la gorge sont d'un beau vert, le bas-ventre est jaune. La *perriche-ara* (pl. 43), habite la même contrée. Son plumage est d'un vert rembruni sur le dos, et d'un vert clair sur le ventre ; la gorge, la partie inférieure du cou, et le haut de la poitrine ont une forte teinte de roussâtre. On rapporte à la même tribu la *pavouane*, la *perriche à ailes variées* ou *perriche commune* de Cayenne, qui est de la grosseur du merle, *l'anaca*, le *sincialo*.

6. PERRICHES A QUEUE COURTE OU TOUIS. Ce sont les plus petits de tous les perroquets : ils ne sont pas plus gros que le moineau ; le *touisosové* (pl. 43) est un charmant petit oiseau dont le plumage est du vert le plus brillant à l'exception d'une tache jaune sur les pennes des ailes. L'espèce en est commune à la Guyane ; ils apprennent très-bien à parler, et ils ont une voix semblable à celle du polichinelle des

marionettes. Le *tirica* le *toui-été* appartiennent à la même tribu.

Le MAÏPOURI (pl. 43.) est une espèce intermédiaire entre les perriches et les papegais. C'est un oiseau siffleur d'un naturel si sauvage, qu'on ne peut l'apprivoiser. Son corps est plus épais, plus court que celui du perroquet, et sa tête est plus grosse ; son allure est lourde et sans grâce ; son plumage est vert sur le dos, orangé sur le dessus du cou et le bas-ventre, et jaune sur les côtés de la tête, la gorge et la partie inférieure du cou. Le maïpouri se trouve à Cayenne et au Mexique.

LES COUROUCOUS OU COUROUCOUIS,

Famille des Grimpeurs lévirostres.

Ces oiseaux du Brésil dont on connaît trois espèces, ont pour caractères : un bec court, crochu dentelé, assez semblable à celui du perroquet et entouré à sa base de plumes effilées ; ils ont de plus les pieds fort courts et couverts de plumes. Le COURQUCOU A VENTRE ROUGE (pl. 44) a environ dix pouces de longueur. La plus grande partie de son plumage est d'un beau vert changeant. On le trouve à

Pl. 44.
Coucou
Tait Sou
Toulou
Coucou de Madagascar
Touraco
Couroucou
Bioutou
Ani
Tacco
Coucou Noir
Coucou piaye
Vourou Driou

Saint-Domingue. — Le *couroucou à ventre jaune* et le *couroucou a chaperon violet* habitent la Guyane.

LE TOURACO (pl. 44.)

Famille des Grimpeurs cunéirostres, genre des Coucous.

Cet oiseau est un des plus beaux de l'Afrique ; il est de la grosseur du geai ; son plumage est d'un vert changeant et varié, à l'exception des couvertures des ailes et de leurs pennes les plus près du corps, qui sont d'un beau rouge-cramoisi; sur la tête il porte une huppe noirâtre, ou quelquefois d'un beau vert ; son œil vif et plein de feu est entouré d'une paupière écarlate. Les fruits forment sa nourriture habituelle.

LE COUCOU (pl. 44.).

Famille des Grimpeurs cunéirostres

Le coucou est répandu assez généralement dans tout l'ancien continent ; mais on ne le voit que dans les pays froids ou même tempérés, tels que l'Europe ; et l'hiver seulement dans les climats plus chauds, tels que ceux de l'Afrique septentrionale : il semble fuir les températures excessives. Le plumage de cet oiseau est fort sujet à varier dans les divers individus ; mais en général il a le dessus du corps d'un joli cendré et les ailes variées de brun et de roux ; la gorge et le devant du cou d'un cendré clair et le dessus du corps rayé transversalement de brun sur un fond blanc sale ; son bec est noir et ses pieds jaunes. Cet oiseau posé à terre ne marche qu'en sautillant ; mais il s'y pose rarement. Perché sur un arbre élevé , il ne cesse de répéter d'un ton plaintif et ennuyeux *cou-cou cou-cou.*

Ce qu'il y a de plus singulier dans l'histoire du coucou , est l'habitude qu'il a de pondre dans les nids des autres oiseaux , et de laisser ainsi à des étrangers le soin de couver ses œufs , et d'élever ses petits. C'est surtout le nid des mésanges qu'il choisit , et dans chaque nid il ne dépose qu'un seul œuf. Quelquefois le coucou prenant mal son temps , est repoussé du nid par les oiseaux qui l'occupent ; mais lorsqu'il a réussi à y pondre , il s'éloigne aussitôt , et paraît oublier sa géniture. La mère adoptive couve cet œuf étranger avec autant de sollicitude que si c'était le sien , et lorsqu'il est éclos, elle a pour le petit coucou les mêmes soins que pour sa progéniture. Cet intrus est cependant un nourrisson fort incommode, surtout pour des petits oiseaux tels que le rouge-gorge, la fauvette et le roitelet ; sans cesse affamé, il l'importune par ses cris, et lorsque ses ailes sont assez fortes, il poursuit sa nourrice de branches en branches pour avoir la becquée. Souvent la mère a de la peine à fournir à la subsistance de cet hôte insatiable, lorsqu'elle a une famille à nourrir, comme il arrive quelquefois.

Quoique rusés, quoique solitaires, les coucous sont capables d'une sorte d'éducation ; on peut les élever et les apprivoiser : on les nourrit avec de la viande hachée crue ou cuite, des insectes, des œufs, du pain mouillé, des fruits. Il faut les garantir du froid, surtout dans le passage de l'automne à l'hiver ; c'est pour cet oiseau et pour beaucoup d'autres le temps critique.

Le coucou arrive au printemps dans nos climats. Les anciens observaient le temps de l'apparition et de la disparition de cet oiseau en Italie. Les vignerons qui n'avaient point achevé de tailler leurs vignes avant son arrivée, étaient regardés comme des paresseux, et devenaient l'objet de la risée publique. Les passans qui les voyaient en retard, leur reprochaient leur paresse en répétant le cri de cet oiseau qui lui-même était l'emblème de la fainéantise, parce qu'il se dispense des devoirs les plus sacrés de la nature.

Coucous étrangers (pl. 44).

Le COUCOU DE MADAGASCAR a le plumage olivâtre varié de brun ; il approché de la taille d'une poule. — Le HOUHOU ou COUCOU d'E-gypte ou le TOULOU DE MADAGASCAR, (car ces oiseaux paraissent être de la même espèce) est plus petit que le précédent ; il vit de saute-relles. — Le TAITSOU appartient aussi à Madagascar. Son plumage est d'un beau bleu, varié de violet, et de vert sur les ailes et la queue. — Le VOUROU-DRIOU, qui habite le même pays a le plumage d'un vert changeant sur le dos et d'un gris-blanc sur le dessous du corps. — Le TACCO. Ce coucou, qui est moins gros que le nôtre, se trouve à la Jamaïque, et à St.-Domingue. Son plumage est grisâtre ; il se nourrit de reptiles et d'insectes. — Le COUCOU NOIR DE CAYENNE ; il a environ treize pouces de longueur ; son plumage est presque entièrement noir. — Le COUCOU PIAYE. Le surnom de *piaye*, qui signifie diable, dans la langue des sauvages de la Guyane indique assez qu'on regarde ce coucou comme un oiseau de mauvais augure. La plus grande partie de son plumage est d'un marron-pourpré. Les coucous d'Amérique ne pondent point dans des nids étrangers.

De tous les coucous étrangers ; le plus remarquable est le *coucou indicateur* c'est dans l'intérieur de l'Afrique, à quelque distance du cap de Bonne-Espérance que se trouve cet oiseau connu par son singulier instinct, d'indiquer les nids des abeilles sauvages. Le matin et le soir, il semble, par son cri aigu, *chirs, chirs*, appeler les chasseurs, et les autres personnes qui cherchent le miel dans le désert ; ceux-ci lui répondent d'un ton plus grave, en s'approchant toujours : dès qu'il les aperçoit, il va planer sur l'arbre creux où il connaît une ruche, et si les chasseurs tardent de s'y rendre, il redouble ses cris, vient au devant d'eux ; retourne à son arbre, sur lequel il s'arrête et voltige, et qu'il leur indique d'une manière très-marquée ; il n'oublie rien pour les exciter à profiter du petit trésor qu'il a découvert ; et dont il ne peut apparemment jouir qu'avec l'aide de l'homme. Tandis qu'on travaille à se saisir du miel, il se tient sur quelque buisson peu éloigné, observant avec intérêt ce qui se passe , et attendant sa part du butin , qu'on ne manque jamais de lui laisser.

Le plumage de cet oiseau est d'un gris roussâtre sur le dos , blanchâtre sur le devant du cou et la poitrine ; il a environ six pouces et demi de longueur totale.

L'ANIS (pl. 44).

Famille des Grimpeurs lévirostres , genre des Couroucous.

Les caractères génériques de cet oiseau sont d'avoir deux doigts en avant et deux en arrière ; le bec court et crochu ; la mandibule infé-rieure est droite , et la supérieure est convexe et comprimée sur les côtés ; au dessus et tout autour s'élèvent de petites plumes effilées , aussi roides que des soies de cochon , longues d'un demi-pouce , et qui toutes se dirigent en avant.

L'ANI DES SAVANNES est de la grosseur d'un merle ; son plumage est noir , nuancé de violet. Ces oiseaux sont d'un naturel si sociable , qu'ils vont constamment par bandes. Leurs nids ont plus d'un pied de diamètre ; les femelles se réunissent dans chaque au nombre de cinq ou six , et elles couvent en société·

Ils se nourrissent de grains, d'insectes et de reptiles ; on les trouve au Brésil.

LE HOUTOU OU MOMOT.

Famille des Passereaux ténuirostres.

Cet oiseau de la Guyane, ne manque jamais d'articuler *houtou*, brusquement et nettement, chaque fois qu'il saute : le ton de cette parole est grave, et tout semblable à celui d'un homme qui le prononcerait. Il est de la grosseur d'une pie. Les couleurs de son plumage sont extrêmement variées. Il se nourrit d'insectes.

LA HUPPE (pl. 45).

Famille des Passereaux ténuirostres.

Cet oiseau est bien connu par sa belle aigrette double qui ne peut être comparée qu'à celle du kakatoës. La situation naturelle de cette touffe de plumes est d'être couchée en arrière ; mais lorsque l'oiseau est surpris, inquiet, ou irrité, il la redresse. La huppe est à-peu-près de la grosseur de la grive. Son plumage est d'un gris roussâtre sur la partie supérieure du corps, et d'un blanc roux en dessous. La huppe de couleur d'or est bordée de noir.

C'est un oiseau de passage; il quitte nos pays septentrionaux sur la fin de l'été ou au commencement de l'automne. La femelle pond depuis deux jusqu'à sept œufs grisâtres dans les trous des murailles ou dans les cavités des troncs d'arbres. Ces oiseaux se nourrissent d'insectes. Ils sont susceptibles d'éducation et même d'attachement; mais il ne faut pas les tenir renfermés dans des cages. Le cri du mâle est *bou*, *bou*, *bou*; il se fait entendre au printemps et retentit au loin. Les huppes sont répandues dans tout l'ancien Continent; elles sont assez communes en Provence, en Italie et en Grèce.

LE PROMEROPS.

Famille des Passereaux ténuirostres, genre des Huppes.

Les promerops sont des oiseaux exotiques qui ont beaucoup de rapport avec la huppe, mais ils en diffèrent par le défaut de huppe par leur queue et leurs jambes plus longues; tous sont remarquables par la beauté de leur plumage. Le PROMEROPS A VENTRE RAYÉ (pl. 45) a tout le dessus du cou d'un beau, brun et tout le dessous du corps rayé transversalement de noir et de blanc On le trouve à la nouvelle Guinée. Le FOURNIER (pl. 45) habite le Paraguay, le roux est la couleur dominante de son plumage .On connaît encore le *promerops rouge et bleu*, *le promerops orangé*, etc.

LE GUÊPIER.

Famille des Passereaux ténuirostres.

Cet oiseau mange non-seulement les guêpes qui lui ont donné son nom français, mais aussi les abeilles, les cigales, les bourdons, les cousins et autres insectes ailés qu'il attrape en volant. Il est à-peu-près de la taille du mauvis, et a dix ou onze pouces de longueur. Le dessus de son corps est d'un fauve clair avec des reflets de vert et de marron; la gorge d'un jaune doré éclatant; le devant du cou, la poitrine et le dessous du corps d'un bleu d'aigue-marine; son front est de la même couleur, et le dessus de la tête marron.

 — Ces oiseaux nichent comme l'hirondelle de rivage, au fond des trous qu'ils savent creuser avec leur bec et avec leurs pieds courts et fort, dans les coteaux dont le terrain est les moins dur, et souvent dans les rives escarpées et sablonneuses des grands fleuves. Ces trous ont quelquefois jusqu'à six pieds de profondeur. La femelle y dépose, sur un matelas de mousse, depuis quatre jusqu'à sept œufs blancs.

Le vol du guêpier ressemble beaucoup à celui de l'hirondelle. Cet oiseau est commun en Asie. On le trouve aussi en Italie et en Provence.

On connaît beaucoup d'espèces exotiques de guêpiers. Celui de Madagascar appelé *patirich* (pl. 45) a pour couleur dominante de son plumage un vert obscur, changeant en un marron brillant sur la tête.

L'ENGOULEVENT (pl. 45).

Famille des Passereaux planirostres.

Ce nom, quoique vulgaire, peint assez bien cet oiseau lorsque les ailes déployées, l'œil hagard et le gosier ouvert de toute sa largeur, il vole avec un bourdonnement sourd à la rencontre des insectes dont il fait sa proie et qu'il semble *engouler* par aspiration. L'engoulevent se nourrit en effet d'insectes et surtout d'insectes de nuit ; car il ne prend son essor et ne commence sa chasse que lorsque le soleil est peu élevé sur l'horizon, ou s'il la commence au milieu du jour, c'est lorsque le temps est nébuleux, car ses yeux délicats ne

Pl. 46.
Pics.
Noir.
Vert.
Très-petit.
rayé du Sénégal.
jaune de Cayenne.
aux ailes dorées.

peuvent supporter l'éclat du grand jour. Il n'a pas besoin de fermer le bec pour arrêter les insectes qui y sont entraînés : l'intérieur de ce bec est enduit d'une espèce de glu qui suffit pour retenir tous ceux qui s'y engagent.

Les engoulevens sont très-répandus, cependant ils ne sont communs nulle part ; ils se trouvent ou du moins passent dans presque toutes les contrées de notre Continent ; ils nichent, chemin faisant, dans les lieux qui leur conviennent ; ils ne se donnent pas la peine de construire un nid ; un petit trou qui se trouve en terre ou dans des pierrailles leur suffit. La femelle y dépose deux ou trois œufs qu'elle couve avec sollicitude. Lorsqu'elle s'aperçoit qu'ils ont été menacés ou aperçus par quelque ennemi , elle sait les changer de place en les poussant adroitement avec ses ailes et les faisant rouler dans un autre trou.

La saison où l'on voit le plus souvent voler ces oiseaux est l'automne ; en général ils ont à-peu-près le vol de la bécasse et les allures de la chouette. Leur cri est un son plaintif qu'ils répètent trois ou quatre fois de suite. Leur physionomie est morne et stupide , leur cri lourd et ignoble ; le plumage de l'engoule-vent joliment varié de gris de roux, et de noirâtre, ressemble à celui de la bécasse. La longueur totale de l'oiseau est de dix pouces et demi. Le nom de *tette-chèvre* que l'on a donné à cet oiseau, est fondé sur la fausse opinion qu'il tettait quelques fois les chèvres. On l'appelle aussi *crapaud-volant*.

On connaît dix ou douze espèces d'engoulevents en Amérique. *L'engoulevent acutipenne de la Guyane* (pl. 46) est plus petit que le nôtre. Son plumage est varié des mêmes couleurs, et il vit aussi d'insectes qu'il attrape en volant.

L'HIRONDELLE DE CHEMINÉE OU HIRONDELLE DOMESTIQUE (pl. 46).

Famille des Passereaux planirostres.

Elle est en effet domestique par instinct, elle recherche la société de l'homme par choix, elle niche dans nos cheminées et jusque dans l'intérieur de nos maisons, ou bien elle se réfugie sous les avant-toits et y construit son nid.

Cet oiseau de passage est l'un des premiers qui paraisse dans nos climats. Il arrive dès la fin de mars ou au commencement d'avril ; il revient au même endroit qu'il avait habité

Hirondelles.
Bleue.
de Rivage.
de Cheminée.
de Muraille.
Martinet à collier blanc.
Salangane et son nid.
Martinet.
Hirondelle brune et blanche.
Hirondelle à Ventre blanc.

l'année précédente, et construit un nouveau nid au dessus de l'ancien ; ces nids maçonnés de terre gâchée avec de la paille et du crin, sont en forme de demi-cylindre creux, ouverts par dessus et d'environ un pied de hauteur. La femelle fait deux pontes par an, l'une de cinq et l'autre de trois œufs. Tandis que la femelle couve, le mâle passe la nuit sur le bord du nid ; le jour il voltige à l'entour ; lorsque les petits sont éclos, les père et mère leur portent sans cesse à manger et ont grand soin d'entretenir la propreté dans leur nid ; mais ce qui est plus intéressant, c'est de voir les vieux donner aux jeunes les premières leçons de voler, en les animant de la voix, leur présentant d'un peu loin la nourriture et s'éloignant encore à mesure qu'ils s'avancen t pour la recevoir, les poussant doucement et non sans inquiétude hors du nid, jouant avec eux dans l'air et accompagnant leur action d'un gazouillement si expressif qu'on croirait en entendre le sens. Si l'on joint à cela ce que dit Boërhave d'un de ces oiseaux qui étant allé à la provision, et trouvant à son retour la maison où était son nid, embrasée, se jeta au travers des flammes pour porter nourriture et secours à ses petits , on jugera avec quelle passion les hirondelles aiment leur géniture.

Ces oiseaux vivent d'insectes ailés qu'ils happent en volant, quelquefois ils rasent la terre, surtout lorsqu'il doit pleuvoir , et ils cherchent les insectes sur les tiges des plantes, sur l'herbe des prairies , et jusque sur le pavé de nos rues. Ils rasent aussi les eaux et s'y plongent quelquefois à demi en poursuivant les insectes aquatiques. A l'époque de leur départ, ils se rassemblent au nombre de trois ou quatre cents sur un grand arbre et partent ordinairement la nuit comme pour dérober leur marche aux oiseaux de proie.

L'hirondelle de cheminée a la gorge , le front et deux espèces de sourcils d'une couleur aurore ; tout le reste du dessous du corps blanchâtre et toute la partie supérieure de la tête et du corps d'un noir bleuâtre éclatant. Ce qu'elle a de plus remarquable, ce sont ses quatre doigts antérieurs à l'aide desquels elle se cramponne au lieu de se percher.

L'HIRONDELLE DE FENÊTRE OU HIRONDELLE AU CROUPION BLANC (pl. 46).

Elle est plus sauvage que l'hirondelle domestique et préfère en général la solitude aux

lieux habités, cependant on peut l'apprivoiser
pourvu qu'on ménage son amour pour la liberté, et qu'on lui donne la nourriture qu'elle
préfère, c'est-à-dire, des mouches, des papil-
lons. On en a vu une qui avait pris un attachement singulier pour la personne dont elle
avait reçu l'éducation ; elle restait sur ses genoux des journés entières, et lorsqu'elle la
voyait reparaître après quelques heures d'absence, elle l'accueillait avec des cris de joie,
un petit battement d'ailes et toute l'expression
du sentiment.

Les mœurs de cette hirondelle sont analogues
à celles de l'espèce précédente ; elle ne lui ressemble pas moins par sa forme et son plumage;
mais sa queue est moins fourchue et n'a point de
tache blanche ; tout le dessous de son corps
est, ainsi que sa gorge, d'un beau blanc.

L'HIRONDELLE DE RIVAGE (pl. 46.)

Les hirondelles de rivage arrivent dans nos
climats et repartent à peu près dans le même
temps que les hirondelles de fenêtre ; mais
elles ne construisent pas un nid comme celle-ci;
de même que les guêpiers, elles creusent des
trous dans les falaises escarpées, dans les rives
des fleuves; elles déposent au fond de ces trous,

qui ont environ dix-huit pouces de profondeur, leurs œufs sur un lit de plumes, d'herbes sèches, de paille. Cette hirondelle diffère par le plumage et par la voix, des deux espèces dont nous venons de parler : elle est aussi plus sauvage, et ne se perche jamais. Elle a toute la partie supérieure du corps gris-souris ; une espèce de collier blanc de la même couleur au bas du cou, tout le reste de la partie inférieure du corps blanc ; les pennes des ailes et de la queue brunes. C'est la plus petite des hirondelles d'Europe.

LE MARTINET NOIR (pl. 45.)

Les martinets sont de véritables hirondelles; leurs pieds, leur bec sont excessivement courts; leur tête et leur gosier très-larges ; ils ont les ailes plus longues, et le vol plus élevé et plus rapide que les hirondelles ; ils volent par nécessité : car d'eux-mêmes ils ne se posent jamais à terre, et lorsqu'ils tombent par quelque accident, ils ne se relèvent que très-difficilement ; à peine peuvent ils, en se traînant sur une petite motte, en grimpant sur une taupinière ou sur une pierre, prendre leur avantage assez pour mettre en jeu leurs longues ailes ; s'ils se trouvaient sur une surface polie, ils seraient

privés de tout mouvement progressif, car leurs
pieds ne peuvent leur servir pour marcher.
Ils n'ont guères que deux manières d'être : ils
s'agitent dans les airs, ou bien ils restent blottis
dans leur trou. Ces oiseaux nichent dans le
tronc des vieux arbres, dans les trous des
murailles des clochers, et des tours sous les
arches des ponts.

En général, le martinet n'a point de ramage ; il n'a qu'un cri, ou plutôt qu'un sifflement aigu. Il est plus gros que nos autres
hirondelles ; sa gorge est d'un blanc-cendré ;
le reste du plumage est noirâtre avec des reflets verts. Cet oiseau arrive dans nos contrées
vers le commencement de mai , et il nous
quitte avant la fin de juillet. Sa chair, lorsqu'il
est gras , est bonne à manger.

Parmi les espèces étrangères de ce genre ,
on distingue le *martinet à collier blanc*
(pl. 46.) ; le noir bleuâtre est la couleur dominante du plumage de cet oiseau. Il est de
la grosseur de nos hirondelles de fenêtres.—
L'hirondelle bleue de la Louisiane (pl .46.)
dont le plumage est en effet d'un bleu foncé.—
L'hirondelle à ventre blanc (pl. 46.) La
partie supérieure de son corps est cendrée ;
un blanc argenté règne sur tout le dessous du

corps ; elle habite la Guyane.—La *salangane* (pl. 46.) Cette petite hirondelle que l'on trouve sur les rivages de plusieurs îles de l'océan indien , jouit d'une célébrité qu'elle doit aux nids singuliers qu'elle sait construire ; ces nids se mangent , et sont fort recherchés à la Chine et dans les Indes. La substance de ces nids est formée par le frai de poisson quela salangane ramasse à la surface des eaux de la mer.

La taille de la salangane est au-dessous de celle du troglodite. Son plumage est noirâtre sur le dos , et blanchâtre sur toute la partie inférieure du corps.

LES PICS.

Famille des Grimpeurs cunéirostres.

Les animaux qui vivent des fruits de la terre, sont les seuls qui entrent en société: l'abondance est la base de l'instinct social, de cette douceur de mœurs , et de cette vie paisible qui n'appartient qu'à ceux qui n'ont aucun motif de se rien disputer ; ils jouissent sans trouble du riche fonds de subsistance qui les environne : et , dans ce grand banquet de la nature , l'abondance du lendemain est égale à la profusion de la veille. Les autres animaux , sans cesse occupés à pourchasser une proie qui les fait toujours ; pressés par le besoin , retenus par le danger , sans provisions , sans moyens, que dans leur industrie , sans aucune ressource , que par leur activité , ont à peine le temps de se pourvoir , et n'ont guères celui d'aimer. Telle est la condition de tous les oiseaux chasseurs ; et à l'exception de quelques lâches qui s'acharnent sur une proie morte , et s'assemblent plutôt en brigands qu'ils ne se rassemblent en amis , tous les autres se tiennent isolés et vivent solitaires ; nul n'a de biens ni de sentimens à partager.

Et de tous les oiseaux que la nature force à vivre de la grande ou de la petite chasse , il n'en n'est aucun dont elle ait rendu la vie plus laborieuse et plus dure que celle du pic : elle l'a condamné au travail, et, pour ainsi dire, à la galère perpétuelle , tandis que tous les autres ont pour moyens, la course, le vol , l'embuscade, l'attaque ; exercices libres où le courage et l'adresse prévalent ; le pic assujetti à une tâche pénible , ne peut trouver sa nourriture qu'en perçant les écorces et la fibre dure des arbres qui la récèlent ; occupé sans relâche à ce travail de nécessité, il ne connaît ni délassement ni repos ; souvent même il dort et passe la nuit dans l'attitude

contrainte de la besogne du jour ; il ne partage
pas les doux ébats des autres habitans de l'air ; il
n'entre point dans leurs concerts, et n'a que des
cris sauvages, dont l'accent plaintif, en troublant le silence des bois, semble exprimer ses
efforts et sa peine. Ses mouvemens sont brusques ; il a l'air inquiet, les traits et la physionomie rudes, le naturel sauvage et farouche; il fuit
toute société, même celle de son semblable....

Tel est l'instinct étroit et grossier d'un oiseau
borné à une vie triste et chétive. Il a reçu de la
nature des organes et des instrumens appro-
priés à cette destinée. Ses doigts épais et ner-
veux armés de gros ongles, lui servent à grimper
en tous sens autour du tronc des arbres ; son
bec robuste, droit et tranchant, taillé à sa base
comme un ciseau, est l'instrument avec lequel
il perce l'écorce, entame profondément le
bois des arbres, et s'ouvre un accès jusqu'au
cœur des arbres : il y darde une longue langue, effilée, arrondie, semblable à un ver
de terre, armée d'une pointe dure, osseuse,
comme d'un aiguillon, dont il perce dans
leurs trous les vers qui sont sa seule nourriture.
Sa queue, composée de six pennes roides
tronquée à la pointe, garnie de soies rudes,
lui sert de point d'appui, dans l'attitude sou-

vent renversée qu'il est forcé de prendre pour frapper et grimper avec avantage. Il niche dans les cavités qu'il a en partie creusées lui-même, et c'est du sein des arbres que sort cette progéniture qui, quoiqu'ailée, est néanmoins destinée à ramper à l'entour, à y rentrer de nouveau pour s'y reproduire, et à ne s'en séparer jamais.

Le genre des pics est très-nombreux en espèces qui varient par la couleur, et diffèrent par la grandeur. Trois espèces seulement appartiennent à l'Europe.

Le PIC VERT (pl. 47); c'est le plus connu des pics et le plus commun dans nos bois. Il arrive au printemps, et fait retentir les forêts de cris aigus et durs, *tiacacan tiacacan*, qu'il jette en volant par élans et par bonds. Dans le temps de la pariade, il y joint un autre cri qui ressemble, en quelque manière, à un éclat de rire bruyant et continu *tió tió, tió tió tió*, répété jusqu'à trente et quarante fois de suite.

Le pic vert se tient à terre plus souvent que les autres pics, surtout près des fourmilières ; il attend les fourmis au passage, couchant sa longue langue dans le petit sentier qu'elles ont coutume de tracer et de suivre à la file ; et lorsqu'il sent sa langue couverte de ces insectes, il la retire pour les avaler. Quelquefois il ouvre la fourmilière avec les pieds et le bec, il s'établit au milieu de la brèche, et les saisit à son aise.

Les Romains considéraient cet oiseau comme un interprète du destin ; ils regardaient ses apparitions comme fatales. Un pic vint se poser sur la tête du préteur Œlius Tubero, tandis qu'il était assis sur son tribunal dans la place publique, et se laissa prendre à la main. Les augures consultés, répondirent que l'empire était menacé de destruction, si on relâchait l'oiseau, et le préteur de mort, si on le retenait. Tubero, à l'instant même, le déchira de ses mains : peu après, ajoute Pline, Tubero mourut, et accomplit l'oracle.

« Le pic vert est sauvage, indocile et peu susceptible d'éducation ; il est méchant et querelleur ; les oiseaux plus faibles que lui deviennent ses victimes : il leur brise la tête à coups de bec. Son plumage est d'un vert jaunâtre ; le dessus de sa tête est cramoisi. Il est répandu dans les deux continents.

Le pic noir (pl. 47). C'est la seconde espèce de pic d'Europe, et le plus grand de tous ceux de l'ancien continent : il a seize

pouces de longueur du bout du bec à l'extrémité de la queue. Une calotte d'un rouge
vif couvre le sommet de sa tête : son plumage est noir. On le trouve sur les hautes-
futaies, sur les montagnes en Allemagne, en
Suisse, dans les Vosges ; il est peu connu en
France.

Cet oiseau frappe contre les arbres de si
grands coups de bec, qu'on l'entend d'aussi
loin que le bruit d'une hache ; quelquefois il
creuse et excave tellement l'intérieur des
arbres pour se loger, qu'ils sont bientôt
rompus par les vents. Le pic noir pond, au
fond de son trou, deux ou trois œufs blancs,
et cette couleur est celle des œufs de tous les pics.
L'espèce du pic noir est peu nombreuse : elle
disparaît de nos climats pendant l'hiver.

Le PIC VARIÉ ou ÉPEICHE, est la troisième
espèce de pic d'Europe ; son plumage, très-
agréablement diversifié, offre un mélange de
blanc, de noir ; le dessus de la tête est rouge.
Il est plus inquiet, plus défiant que les
autres pics, et grimpe encore avec plus
d'aisance sur les arbres. On le trouve en
France.

Il y a un très-grand nombre de pics étrangers ; nous citerons, entre autres, le *petit*

pic rayé du Sénégal (pl. 47), qui n'est pas plus gros qu'un moineau. Le dessus de sa tête est rouge ; son plumage est varié de gris-brun et de blanc obscur sur le devant du corps ; le dos est d'un beau fauve doré. — Le *pic jaune de Cayenne* (pl. 47) a le plumage du corps d'un jaune tendre, la queue noire ; sur la tête il porte une huppe. Il est moins grand que notre pic vert. — Le *très-petit pic de Cayenne* (pl. 47), est aussi petit que notre roitelet ; sa poitrine est ondée de zones noires et blanches ; son dos est brun, marqué de taches blanches ; sa tête est d'un beau jaune. — Le *pic aux ailes dorées* (pl. 47) ; c'est le plus beau des pics ; sa forme est élégante , et les couleurs de son plumage agréablement variées de noir , de lilas , de blanc et de jaune feuille-morte ; l'occiput présente une tache écarlate , et la côte des grandes pennes de l'aile est d'une vive couleur d'or. On le trouve au Canada, à la Caroline et à la Virginie

LE TORCOL (pl. 48).

Famille des Grimpeurs cunéirostres.

Cet oiseau se reconnaît au premier coup-d'œil , par une habitude qui n'appartient qu'à lui : c'est de tordre et de tourner le cou de côté et en arrière, la tête renversée vers le dos et les yeux à demi fermés ; ce mouvement lent et sinueux est semblable aux replis ondoyans d'un reptile. Les petits, dans le nid, se donnent les mêmes tours de cou ; et plus d'un dénicheur, effrayé, les a pris pour de petits serpens.

L'espèce du torcol n'est nombreuse nulle part, et chaque individu vit solitairement ; on les voit arriver seuls au mois de mai ; nulle société que celle de leur femelle, encore cette union n'est pas de très-longue durée, car ils se séparent bientôt, et repartent seuls en septembre. Un arbre isolé est celui que le torcol préfère ; sur la fin de l'été on le trouve également seul dans les blés : il prend sa nourriture à terre, et ne grimpe pas contre les arbres comme les pics, quoiqu'il ait le bec et les pieds conformés comme eux.

Le torcol est de la grandeur de l'alouette ; son plumage est un mélange de gris, de noir et de tanné, disposés agréablement par zones et par bandes ; il est plus joli encore que celui de la bécasse, auquel il ressemble un peu. Son bec, long de huit à neuf lignes, ne lui sert pas à saisir et à prendre sa nourriture ;

ce n'est, pour ainsi dire, que l'étui de sa langue qu'il tire de la longueur de trois ou quatre doigts, et qu'il darde dans les fourmilières ; il la retire chargée de fourmis, retenues par une liqueur visqueuse dont elle est enduite.

Le cri du torcol est un sifflement aigre et prolongé. La femelle dépose, dans un trou d'arbre, huit à dix œufs ; pendant qu'elle les couve, le mâle lui apporte des fourmis. On ne peut guères élever ces oiseaux en cage, par la difficulté de leur fournir la nourriture qui leur convient. L'espèce, quoique peu nombreuse, est répandue dans toute l'Europe. Lorsqu'il est gras, cet oiseau est un excellent manger.

LES BARBUS.

Famille des Grimpeurs lévirostres.

Le genre des barbus renferme des oiseaux exotiques, reconnaissables aux plumes effilées, longues, roides et dirigées en avant, qui garnissent la base de leur bec. Les barbus d'Amérique portent le nom de *Tamatias* ; ce sont des oiseaux solitaires, lents et stupides ; ils ont une mine triste et sombre ; on dirait qu'ils affectent de se donner un air grave en roti-

Toucan
Choucari
Tamatia
Torcol
Tock
Grigri
Barbu
Petit barbu
Calao de Malabar
Barbican

rant leur grosse tête entre leurs épaules. On peut les approcher d'aussi près que l'on veut et leur tirer plusieurs coups de fusil sans les faire fuir. Le plumage de celui-ci (pl. 48) est brun, nuancé de roux. On le trouve au Brésil et dans la Guyane.

Les *barbus* proprement dits appartiennent à l'ancien continent ; moins stupides que les tamatias, ils ont à-peu-près les habitudes des pies-grièches , et attaquent les petits oiseaux. Les principales espèces sont le *barbu à gorge jaune* des Philippines (pl. 48), dont le plumage est vert sur le dos, et rouge sur la tête et la poitrine , et le *petit barbu* (pl. 48), dont la gorge est aussi jaune , et le dessus du corps d'un brun noirâtre. Celui-ci vient du Sénégal.

LE TOUCAN.

Famille des Grimpeurs lévirostres.

Si quelqu'un voyait un toucan pour la première fois, il prendrait sa tête et son bec pour un de ces masques à long nez, dont on épouvante les enfans. Ce bec monstrueux est, dans toute sa longueur , plus large que la tête de l'oiseau et aussi long que tout son corps ;

il fatiguerait prodigieusement sa tête et son cou , s'il n'était d'une substance légère et si mince, qu'on peut , sans effort , le faire céder sous les doigts. Ce bec n'est donc pas propre à briser les graines , ni même les fruits tendres ; l'oiseau est obligé de les avaler tout entiers, et de même il ne peut s'en servir pour se défendre et encore moins pour attaquer. Ce bec extraordinaire renferme une langue qui l'est encore plus ; ce n'est point un organe charnu ou cartilagineux , comme la langue de tous les animaux , c'est une véritable plume renfermée dans le bec comme dans un étui.

Les toucans sont répandus dans tous les climats chauds de l'Amérique méridionale ; ils vont ordinairement par petites troupes de six à dix ; leur vol est lourd et s'exécute péniblement, vu leurs ailes courtes et leur énorme bee, qui fait pencher leur corps en avant. On les voit presque toujours perchés à la cime des grands arbres , et dans une agitation continuelle. Quoique très-vifs et très-remuans , ils paraissent gauches et tristes : leur gros bec, leurs yeux ternes, leur donnent une physionomie morne et sérieuse.

Ils font leur nid dans les trous_d'arbres

que les pics ont abandonné; on les apprivoise aisément. On en connaît plusieurs espèces. Le *toucan à gorge jaune* (pl. 48) est l'une des plus belles. On fait des parures avec ses plumes; on découpe dans la peau toute la partie jaune de la gorge, et l'on vend ses plumes assez cher. Le dessus du corps de cet oiseau est d'un beau noir et le ventre noirâtre.

L'AROCARI-GRIGRI (pl. 48) est un oiseau du même genre, qui se trouve au Brésil ; il a les mêmes habitudes naturelles que les toucans, mais son bec n'est pas si monstrueux. Il a la tête, la gorge et le cou noirs; la partie supérieure du corps d'un vert obscur, la poitrine et le ventre jaunes.

Le BARAICAN ET LE CASSICAN (pl. 48), sont deux oiseaux étrangers peu communs, et qui ont quelques rapports avec les toucans. Le premier qui vient des côtes de Barbarie, est noir sur la partie supérieure du corps et le haut de la poitrine ; le ventre est rouge sur le reste du corps ; il a neuf pouces de longueur. — Le *cassican* dont la patrie est incertaine a le corps mince, mais allongé ; sa longueur totale est d'environ treize pouces.

LES CALAOS OU LES OISEAUX RHINOCÉROS.

Famille des Passereaux dentirostres.

Les calaos sont des oiseaux d'Afrique et des Indes dont le bec aussi prodigieux pour les dimensions que celui des toucans, est encore plus extraordinaire par la forme. Le *calaos rhinocéros* (pl 48) porte sur son bec énorme une éminence considérable de substance cornée. Cette éminence est variée de rouge et de jaune, et comme divisée en deux tranches par une ligne noire. Cet oiseau ne chasse que les rats et les souris, et les Indiens en élèvent en guise de chats. Avant de manger une souris, le calaos l'aplatit en la serrant dans son bec pour l'amollir, et il l'avale toute entière en la jettant en l'air et la faisant retomber dans son large gosier ; c'est au reste la seule manière de manger que lui permette la structure de son bec ; le *toucan* dont nous venons de parler, mange de la même façon.

Cet oiseau, qui est plus grand que le corbeau d'Europe, exhale une odeur désagréable ; son plumage est noir. Il habite l'île de Java.

Il y a plusieurs autres espèces de calaos, mais dont l'éminence du bec est moins considérable que chez le calao-rhinocéros.

Martin pêcheur
Martin pêcheur
à longs brins
Todier
Jacamar
Cigogne
Jabiru
Martin pêcheur
à gros bec

Le rock (pl. 48) a beaucoup de rapports avec les calaos. Son bec est très-grand, mais il n'a pas d'éminence ; c'est un oiseau stupide à l'excès. Son plumage est noirâtre. On le trouve au Sénégal.

LE MARTIN-PÊCHEUR (pl. 49).

Famille des Passereaux ténuirostres, genre des Alcyons.

Le martin-pêcheur ou alcyon est le plus bel oiseau de nos climats ; il n'y en a aucun en Europe, qu'on puisse lui comparer pour la netteté, la richesse et l'éclat des couleurs ; elles ont les nuances de l'arc en ciel, le brillant de l'émail, le lustre de la soie ; tout le milieu du dos avec le dessus de la queue est d'un bleu clair et brillant, le vert se mêle sur les ailes au bleu ; la tête et le dessus du cou sont pointillés de taches claires sur un fond d'azur ; un orange brillant colore la poitrine. Cet oiseau est de la grosseur du moineau ; son vol est rapide et filé ; il suit ordinairement le contour des ruisseaux, rasant la surface de l'eau ; il crie en volant *ki, ki, ki, ki,* d'une voix perçante et qui fait retentir les rivages ; il se tient sur une branche avancée au-dessus de l'eau pour pêcher ; il y reste immobile, et épie souvent deux heures entières, le moment du passage d'un petit poisson ; il fond sur cette proie en se laissant tomber dans l'eau où il reste plusieurs secondes; il en sort avec le poisson au bec, qu'il porte ensuite sur la terre contre laquelle il le bat pour le tuer avant de l'avaler.

Il niche au bord des rivières et des ruisseaux dans des trous creusés par des rats d'eau ou des écrevisses, qu'il approfondit lui-même et dont il maçonne et retrécit l'ouverture. L'espèce de cet oiseau est peu nombreuse. Il est très-sauvage.

Il y a beaucoup d'oiseaux étrangers du genre des martins-pêcheurs. *Le martin-pêcheur à gros bec* (pl. 49) a un bec très-épais et d'un beau rouge ; son plumage est vert d'eau sur le dos ; le dessous du corps est d'une couleur fauve terne ; il appartient au Nouveau-Continent. Le *martin-pêcheur à longs brins* (pl. 49) a les deux plumes du milieu de sa queue qui se prolongent et s'effilent en deux longs brins. Du bleu turquin, du brun-noir couvrent et coupent par grandes taches le manteau. Le dessous du corps est d'un blanc teint d'un rouge léger. Il vient des Indes.

LE JACAMAR (pl. 49).

Famille des Grimpeurs cunéirostres.

Cet oiseau du Brésil ressemble au martin-pêcheur par la forme du corps et par celle de bec ; mais il en diffère par la disposition des doigts ; il est de la grosseur d'une alouette ; sa gorge est blanche, son ventre est roux, et tout le reste de son plumage est d'un vert doré très-éclatant. Il est solitaire et se nourrit d'insectes.

LE TODIER (pl. 49).

Famille des Passereaux ténuirostres.

Le todier se distingue du martin-pêcheur par son bec aplati en forme de spatule ; il n'est pas plus gros qu'un roitelet ; son plumage d'un bleu faible est blanc sur le ventre avec la gorge et les flancs couleur de rose. La femelle est d'un beau vert sur le dos ; ils vivent d'insectes qu'ils attrapent en volant ; ils appartiennent aux régions chaudes de l'Amérique septentrionale.

DES OISEAUX AQUATIQUES.

Les oiseaux d'eau sont les seuls qui réunissent à la jouissance de l'air, la possession de la mer. De nombreuses espèces, toutes très-multipliées, en peuplent les rivages et les plaines ; ils voguent sur les flots avec autant d'aisance et plus de sécurité qu'ils ne volent dans leur élément naturel ; partout ils y trouvent une subsistance abondante, une proie qui ne peut les fuir, et, pour la saisir, les uns fendent les ondes et s'y plongent ; d'autres ne font que les effleurer en rasant leur surface par un vol rapide et mesuré sur la distance et la quantité des victimes ; tous s'établissent sur cet élément mobile, comme dans un domicile fixe ; ils s'y rassemblent en grande société, et vivent tranquillement au milieu des orages ; ils semblent même jouer avec les vagues, lutter contre les vents et s'exposer aux tempêtes, sans les redouter ni subir de naufrages.

Ils ne quittent qu'avec peine ce domicile de choix, et seulement dans le temps que le soin de leur progéniture, en les attachant au rivage, ne leur permet plus de fréquenter la mer que par instans ; car , dès que leurs petits sont éclos, ils les conduisent à ce séjour chéri , que ceux-ci chériront bientôt eux-mêmes, comme plus convenable à leur nature que celui de la terre : en effet, ils peuvent y rester autant qu'il leur plaît sans être pénétrés de l'humidité et sans rien perdre de leur agilité , puisque leur corps mollement porté, se repose même en nageant et reprend bientôt les forces épuisées par le vol. La longue obscurité des nuits, ou la continuité des tourmentes, sont les seules contrariétés qu'ils éprouvent , et qui les obligent à quitter la mer par intervalles. Ils servent alors d'avant-coureurs, ou plutôt de signaux aux voyageurs, en leur annonçant que les terres sont prochaines, néanmoins cet indice est souvent incertain ; plusieurs de ces oiseaux se portent en mer quelquefois à de grandes distances des côtes.

La forme du corps et des membres de ces oiseaux, indique assez qu'ils sont navigateurs nés et habitans naturels de l'élément liquide ; leur corps et arqué et bombé comme la carenne d'un vaisseau, et c'est peut-être sur cette figure, que l'homme a trouvé celle de ses premiers navires ; leur cou relevé sur une poitrine saillante, en représente assez bien la

proue ; leur queue courte et toute rassemblée
en un seul faisceau sert de gouvernail ; leurs
pieds larges et palmés font l'office de véritables rames ; le duvet épais et lustré d'huile,
qui revêt tout le corps, est un goudron naturel, qui le rend impénétrable à l'humidité,
en même temps qu'il le fait flotter plus légèrement à la surface des eaux ; et ceci n'est encore qu'un aperçu des facultés que la nature
à données à ces oiseaux pour la navigation ;
leurs habitudes naturelles sont conformes à
ces facultés ; leurs mœurs y sont assorties.....

La vie de l'oiseau aquatique est plus paisible et moins pénible que celle de la plupart
des autres oiseaux ; il emploie beaucoup
moins de force pour nager que les autres n'en
dépensent pour voler ; l'élément qu'il habite
lui offre à chaque instant sa subsistance ; il la
rencontre plus qu'il ne la cherche, et souvent
le mouvement de l'onde l'amène à sa portée ;
il la prend sans fatigue comme il l'a trouvée
sans peine ni travail, et cette vie plus douce
lui donne en même temps des mœurs plus
innocentes et des habitudes pacifiques. Chaque
espèce se rassemble par le sentiment d'un
amour mutuel ; nul des oiseaux d'eau n'attaque son semblable, nul ne fait sa victime d'un

autre oiseau ; et dans cette grande et tranquille
nation on ne voit point le plus fort inquiéter
le plus faible : bien différent de ces tyrans de
l'air et de la terre qui ne parcourent leur empire que pour le dévaster, et qui toujours
en guerre avec leur semblables, ne cherchent
qu'à les détruire, le peuple ailé des eaux partout en paix avec lui-même, ne s'est jamais
souillé du sang de son espèce : respectant
même le genre entier des oiseaux, il se con-
tente d'une chair moins noble et n'emploie
sa force et ses armes que contre le genre abject
des reptiles et le genre muet des poissons.

Nous devons diviser en deux grandes familles la nombreuse tribu des oiseaux aquatiques ; car à coté de ceux qui sont navigateurs
et à pieds palmés, la nature a placé les oiseaux
de rivage et à pieds divisés qui, quoique différens pour la forme, ont néanmoins plusieurs
rapports et quelques habitudes communes
avec les premiers ; ils sont taillés sur une autre modèle ; leur corps grêle et de figure
élancée, leurs pieds dénués de membranes,
ne leur permettent ni de plonger ni de se soutenir sur l'eau ; ils ne peuvent qu'en suivre les
rives ; montés sur de très-longues jambes avec
un cou tout aussi long, ils n'entrent que dans les

eaux basses, où ils peuvent marcher et ils cherchent dans la vase la pâture qui leur convient.

La nature en accordant de grandes préro-
gatives aux oiseaux aquatiques, les a soumis
à quelques inconvéniens ; elle leur a même
refusé l'un de ses plus nobles attributs : aucun d'eux n'a de ramage ; les oiseaux d'eau
ont une voix forte, grande, rude et bruyante,
propre à se faire entendre de très-loin et à
retentir sur la vaste étendue des plages de la
mer ; cette voix toute composée de tons rauques, de cris et de clameurs, n'a rien de ces
accens flexibles et moëlleux, ni de cette douce
mélodie dont nos oiseaux champêtres animent
nos bocages, en célébrant le printemps et l'a-
mour ; comme si l'élément redoutable où
règnent les tempêtes, eût à jamais écarté ces
charmans oiseaux, dont le chant paisible et
agréable ne se fait entendre qu'aux beaux
jours et dans les nuits tranquilles, et que la
mer n'eût laissé à ses habitans ailés que les
sons grossiers et sauvages qui percent à travers
le bruit des orages, et par lesquels ils se ré-
clament dans le tumulte des vents, et le fra-
cas des orages.

Les espèces aquatiques se soumettent difficilement au joug de l'homme ; elles sont plu-

tôt captives que domestiques ; elles conservent les germes de leur première liberté, qui se manifeste par une indépendance que les es-pèces terrestres paraissent avoir totalement perdue ; ils dépérissent dès qu'on les tient renfermés ; il leur faut l'espace libre des champs et la fraîcheur des eaux où ils puissent jouir d'une partie de leur franchise naturelle ; et ce qui prouve qu'ils n'y renoncent pas, c'est qu'ils se rejoignent volontiers à leurs frères sauvages, et s'enfuiraient avec eux si l'on n'avait soin de leur rogner les ailes.

Les mers les plus abondantes en poisson, at-tirent et fixent pour ainsi dire, sur leurs bords, des peuplades innombrables de ces oiseaux pêcheurs. Les œufs de poissons qui flottent souvent par grands bancs à la surface de la mer n'attirent pas moins les oiseaux à leur suite. Il y a aussi certains endroits des côtes et îles dont le sol entier jusqu'à une assez grande profondeur, n'est composé que de la fiente des oiseaux aquatiques. Les rochers du Groen-land sont couverts jusqu'au sommet d'une es-pèce de tourbe formée de cette même matière et du débris des nids de ces oiseaux. Ils sont aussi nombreux sur les côtes de Norwège en Islande, dans les îles de Féroé et dans celles de Burra, vers les côtes d'Écosse, où leurs œufs font une grande partie de la subsistance des habitans, qui vont les chercher dans les précipices et sur les rochers les plus inaccessibles. On descend le chasseur attaché à une corde le long des rochers ; il est armé d'une longue perche, pour se diriger à son gré, et il rassemble les œufs qu'il trouve dans les crevasses des rochers. On voit alors les oiseaux s'envoler par milliers en poussant des cris affreux. Cette chasse est extrêmement périlleuse et il n'est pas rare de voir tomber ces chasseurs aux œufs, dans la mer ou dans les précipices sur lesquels ils sont suspendus.

LA CIGOGNE (pl. 49).

Famille des Échassiers cultrirostres, genre du Héron.

On vient de voir qu'entre les oiseaux terrestres qui peuplent les campagnes, et les oiseaux navigateurs à pieds palmés qui reposent sur les eaux, on trouve la grande tribu des oiseaux de rivage dont le pied sans membrane ne pouvant avoir un appui sur les eaux, doit encore porter sur la terre, et dont le long bec enté sur un long cou, s'étend en avant pour chercher sa pâture sous l'élément liquide. Dans les nombreuses familles de ce peuple amphibie des rivages de la mer et des fleuves, celle de la cigogne plus connue, plus célébrée qu'aucune autre, se présente la première; elle est composée de deux espèces qui ne diffèrent que par la couleur, car du reste il semble que sous la même forme et d'après le même dessin, la nature ait produit deux fois le même oiseau, l'un blanc et l'autre noir; cette différence, tout le reste étant semblable, pourrait être comptée pour rien s'il n'y avait pas entre ces deux mêmes oiseaux, différence d'instinct et diversité de mœurs. La cigogne noire cherche les lieux déserts, se cache dans les bois, fréquente les marécages écartés et niche dans l'épaisseur des forêts. La cigogne blanche choisit au contraire nos habitations pour domicile; elle s'établit sur les tours, sur les cheminées et les combles des édifices; amie de l'homme, elle en partage le séjour et même le domaine; elle pêche dans nos rivières, chasse jusque dans nos jardins, se place au milieu des villes sans s'effrayer de leur tumulte, et partout hôte respecté et bien venu, elle paie par des services le tribut qu'elle doit à la société; plus civilisée, elle est aussi plus féconde, plus nombreuse et plus généralement répandue que la cigogne noire qui paraît confinée dans certains pays et toujours dans les lieux solitaires.

Cette cigogne blanche, moins grande que la grue, l'est plus que le héron. Son corps est d'un blanc éclatant, et les ailes sont noires; les pieds et le bec sont rouges, et son long cou est arqué. La cigogne a le vol puissant et soutenu; elle s'élève fort haut et fait de très-longs voyages, même dans les saisons orageuses; elles arrivent en France au mois de mars et même à la fin de février; leur retour est partout d'un agréable augure, et leur apparition annonce le printemps. Les cigognes reviennent constamment aux mêmes lieux; et si leur nid est détruit elles le construisent de nouveau avec des brins de bois, et d'herbes de marais, qu'elles entassent en grande quantité; c'est ordinairement sur les combles élevés, sur les crénaux des tours, et quelquefois sur de grands arbres au bord des eaux, ou à la pointe d'un rocher escarpé, qu'elles le posent.

Dans l'attitude du repos, la cigogne se tient sur un pied, le cou replié, la tête en arrière et couché sur l'épaule; elle guette les mouvemens de quelque reptile qu'elle fixe d'un œil perçant; les grenouilles, les lézards, les couleuvres et les petits poissons sont la proie qu'elle va cherchant dans les marais ou sur le bord des eaux, et dans les vallées humides.

Elle marche comme la grue, en jetant le pied en avant, par grands pas mesurés; lorsqu'elle s'irrite ou s'inquiète, elle fait claqueter son bec d'un bruit sec et réitéré; ce bruit est le seul que la cigogne fasse entendre.

La cigogne ne pond pas au-delà de quatre œufs, et souvent pas plus de deux œufs d'un blanc sale et jaunâtre; le mâle les couve dans le temps que la femelle va chercher sa pâture. Lorsque les petits sont éclos, la sollicitude des parens redouble : le père et la mère ne s'éloignent jamais du nid tous deux ensemble, et tandis que l'un est à la chasse, on voit l'autre se tenir aux environs, debout sur une jambe, et l'œil toujours à ses petits. On voit dans les annales bataves de Junius, l'histoire fameuse, en Hollande, de la cigogne de Delft, qui dans l'incendie de cette ville, après s'être inutilement efforcée d'enlever ses petits, se laissa brûler avec eux.

La cigogne est d'un naturel assez doux; elle n'est ni défiante ni sauvage, et peut se priver aisément, et s'accoutumer dans nos jardins, qu'elle purge d'insectes et de reptiles ; il semble qu'elle ait l'idée de la propreté , car elle cherche les lieux écartés , pour rendre ses excrémens ; elle a presque toujours l'air triste et la contenance morne ; cependant elle ne laisse pas de se livrer à une certaine gaîté , quand elle y est excitée par l'exemple ; car elle se prête au badinage des enfans , en sautant et jouant avec eux ; on a vu dans un jardin où des enfans jouaient à la cligne-musette , une cigogne privée , se mettre de la partie , courir à son tour quand elle était touchée , et distinguer très-bien l'enfant qui était en tour de poursuivre les autres , pour s'en donner de garde. Dans l'état de domesticité , cet oiseau vit long-temps , et supporte la rigueur de nos hivers.

On attribue à cet oiseau des vertus morales, dont l'image est toujours respectable , la tempérance , la fidélité conjugale , la piété filiale et paternelle. Il est vrai que la cigogne nourrit très-long-temps ses petits, et leur prodigue les plus tendres soins; on l'a même vue donner des marques d'attachement , et même de reconnaissance pour les lieux et pour les hôtes qui l'ont reçue. On assure l'avoir entendue claqueter en passant devant les portes, comme pour avertir de son retour, et faire en partant un même signe d'adieu ; mais ces qualités morales ne sont rien en comparaison de l'affection que marquent, et des tendres soins que donnent ces oiseaux à leurs parens trop foibles ou trop vieux. On a souvent vu des cigognes jeunes et vigoureuses, apporter de la nourriture à d'autres qui, se tenant sur le bord du nid, paraissaient languissantes et affoiblies. La loi de nourrir ses parens fut faite en leur honneur, et nommée de leur nom chez les Grecs. Les Egyptiens lui rendaient une espèce de culte. Chez les anciens, ce fut un crime de donner la mort à une cigogne, ennemie des espèces nuisibles ; et en Thessalie, il y eut peine de mort pour le meurtre d'un de ces oiseaux. Aujourd'hui, d'après un antique préjugé, le peuple est encore persuadé qu'elle apporte bonheur à la maison où elle vient s'établir.

LE JABIRU OU MYCTERIA (pl. 49).

Famille des Echassiers cultrirostres.

Ce grand oiseau habite les plages de l'Amazone et de l'Orénoque, les deux plus grands fleuves de l'Amérique méridionale. Son bec aigu, tranchant et aplati sur les côtés en manière de hache, a treize pouces de longueur ; son corps égale la grosseur de celui du cygne ; la tête et les deux tiers du cou sont couverts d'une peau noire et nue ; au bas du cou, cette peau d'un rouge vif, forme un large et beau collier à cet oiseau dont le plumage est entièrement blanc. L'oiseau debout, a quatre pieds et demi de hauteur. Il fait une guerre utile aux reptiles.

LA GRUE (pl. 50).

Famille des Echassiers cultrirostres.

De tous les oiseaux voyageurs, c'est la grue qui entreprend et exécute les courses les plus lointaines ; originaire du nord, elle visite les régions tempérées, et visite celles du midi ; en automne elle quitte les pays froids, et vient s'abattre sur nos plaines marécageuses et nos terres ensemencées ; puis elle se hâte de passer dans des climats plus méridionaux. Les grues portent leur vol très-haut, et se mettent en ordre pour voyager ; elles forment un triangle isocèle comme pour fendre l'air plus aisément. Quand le vent se renforce et menace de les rompre, elles se resserrent en cercle ; ce qu'elles font aussi quand l'aigle

Grue.
Kamichi.
Oiseau royal.
Secrétaire.
Demoiselle de la
Numidie.

les attaque ; leur passage se fait le plus souvent dans la nuit , mais leur voix éclatante avertit de leur marche ; dans ce vol de nuit le chef fait entendre fréquemment une voix de réclame, pour avertir de la route qu'il tient; elle est répétée par la troupe , ou chacune répond comme pour faire connoître qu'elle suit et garde sa ligne.

Les différens vols, et les différens cris de la grue out été observés comme des présages des changemens du ciel et de la température ; les cris des grues dans le jour indiquent la pluie ; des clameurs plus bruyantes et comme tumultueuses annoncent la tempête ; si , le matin ou le soir, on les voit s'élever ou voler paisiblement en troupe , c'est un indice de sérénité ; au contraire , si elles pressentent l'orage , elles baissent leur vol , et s'abattent à terre.

A terre, les grues rassemblées établissent une garde pendant la nuit ; et la circonspection de ces oiseaux a été consacrée dans les hiéroglyphes , comme le symbole de la prudence : la troupe dort la tête cachée sous l'aile ; mais le chef veille la tête haute : et si quelque objet le frappe, il en avertit par un cri. Le port de la grue est droit, et sa figure

élancée ; tout le dessus de son plumage est
d'un beau cendré-clair ondé ; les grandes pennes de l'aile sont noires ; le bec est d'un noir
verdâtre ; le devant des yeux , le front et le
crâne sont couverts d'une peau rouge , chargée
de poils rares. La hauteur verticale de la grue
est d'environ quatre pieds.

Voici deux oiseaux étrangers qui ont beaucoup de rapport avec la grue.

La DEMOISELLE DE NUMIDIE (pl. 5o). Sous
un moindre module , la demoiselle de Numidie a toutes les proportions et la taille de
la grue ; c'est son port ; c'est aussi le même
vêtement , la même distribution de couleurs
sur le plumage ; le gris en est seulement plus
pur et plus perlé ; deux touffes blanches de
plumes effilées et chevelues , tombant de chaque côté de la tête de l'oiseau , lui forment
une espèce de coiffure ; de semblables plumes
descendent sur le devant du cou ; entre les
pennes noires , percent des touffes flexibles et
pendantes. On a donné à ce bel oiseau le nom
de demoiselle , à cause de son élégance , de
sa parure et des gestes mimes qu'on lui voit
affecter ; cette demoiselle-oiseau s'incline en
effet par plusieurs révérences ; elle se donne
bon air en marchant avec une sorte d'osten-

tation, et souvent elle saute et bondit par gaîté, comme si elle voulait danser. Cet oiseau a de la vanité ; il aime à s'étaler , il cherche à se donner en spectacle, et se met en jeu dès qu'on le regarde ; il semble préférer le plaisir de se montrer à celui même de manger ; il suit quand on le quitte, comme pour solliciter encore un coup d'œil. Cet oiseau est naturel aux régions de l'Afrique voisines du tropique.

L'OISEAU ROYAL OU L'OISEAU COURONNÉ (pl. 50). L'oiseau royal doit son nom à l'espèce de couronne , qu'un bouquet de plumes ou plutôt de soies épanouies , lui forme sur la tête. Il a de plus le port noble , la figure remarquable , et la taille haute de quatre pieds; lorsqu'il se redresse. De belles plumes noires pendent le long de son cou ; son manteau d'une couleur sombre , est relevé par deux grandes plaques blanches ; une peau membraneuse , d'un beau blanc sur la tempe , d'un vif incarnat sur la joue , lui enveloppe la face , et descend jusque sous le bec , et un bandeau noir lui relève le front.

Cet oiseau africain habite particulièrement la Guinée, la Côte d'Or , se nourrit de poissons et de graines ; son naturel est doux et paisible ; sa course est rapide ; son vol est élevé , puis-

sant et soutenu ; son cri est assez semblable
aux accens rauques d'une trompette ou d'un
cor. Il est susceptible d'éducation et aime la société de l'homme. Lorsqu'après l'avoir consi-
déré , on se promène indifféremment sans
prendre garde à lui , il suit les personnes ou
marche à côté d'elles , et fait aussi plusieurs
tours de promenade ; et si quelque chose
l'amuse, et qu'il reste en arrière , il se hâte de
rejoindre la compagnie.

LE SECRETAIRE OU LE MESSAGER (pl. 5o.)

Famille des Echassiers , genre des Ser-
pentaires.

Cet oiseau considérable par sa grandeur est
d'autant plus remarquable, que ses pieds dé-
signent un oiseau de rivage et que son bec crochu indiquerait un oiseau de proie ; il a ,
pour ainsi dire , une tête d'aigle sur un corps
de cigogne ou de grue.

Le secrétaire a la hauteur d'une grande
grue, et la grosseur du coq d'inde; son manteau est d'un gris un peu plus brun que celu i
de la grue ; cette couleur s'éclaircit sur le devant du corps. Un faisceau de plumes roides
et noires qui pend derrière son cou , lui a fait

donner le nom de secrétaire ; il a de plus un véritable sourcil , formé d'un rang de cils noirs.

Lorsque cet oiseau rencontre ou découvre un serpent , il l'attaque d'abord à coups d'ailes pour le fatiguer , il le saisit par la queue , et l'enlève à une grande hauteur en l'air , et le laisse retomber , ce qu'il répète jusqu'à ce que le reptile soit mort. Il guette assidûment les rats devant leurs trous , et les tue en les frappant d'un violent coup de patte. Son exercice le plus ordinaire est de marcher à grands pas de côté et d'autres sans se ralentir ni s'arrêter , d'où lui vient le nom de messager. La guerre utile qu'il fait aux serpens , lui a fait donner le nom de *serpentaire*.

Cet oiseau doux et familier est susceptible d'éducation ; il s'accommode bien de notre climat. On le trouve en Afrique.

LE KAMICHI (pl . 5o.)

Famille des Echassiers brévirostres.

Ce n'est point en se promenant dans une campagne cultivée , ni même en parcourant toutes les terres du domaine de l'homme , que l'on peut connaître les grands effets des variétés de la nature : c'est en se transportant des sables brûlans de la Tauride aux glacières des pôles , c'est en descendant du sommet des montagnes au fond des mers, c'est en comparant les plaines avec les déserts , que nous les jugerons mieux, et les admirerons davantage. En effet, sous le point de vue de ses sublimes constrastes , et de ses majestueuses oppositions, elle paraît plus grande en se montrant telle qu'elle est. Dans les déserts arides de l'Arabie Pétrée , dans ces solitudes nues, où l'homme n'a jamais respiré sous l'ombrage , la terre sans verdure n'offre aucune subsistance aux animaux, aux oiseaux, aux insectes, tout paraît mort parce que rien ne peut naître, et que l'élément nécessaire au développement des germes de tout être vivant ou végétant , loin d'arroser la terre par des ruisseaux d'eau vive , ou de la pénétrer par des pluies fécondes , ne peut même l'humecter d'une simple rosée. Opposons ce tableau de sécheresse absolue dans une terre trop ancienne , à celui des vastes plaines de fange des savanes noyées du nouveau continent, nous y verrons par excès ce que l'autre n'offrait que par défaut : des fleuves d'une largeur immense, tels que l'Amazone , la Plata , l'Orénoque roulent à grands flots leurs vagues écumantes, et se débordant en toute liberté, semblent menacer la terre d'un envahissement, et faire effort pour l'occuper toute entière. Des eaux stagnantes et répandues, près et loin de leur cours, couvrent le limon vaseux qu'elles ont déposé; et ces vastes marécages, exhalant leurs vapeurs en brouillards fétides, communiqueraient à l'air l'infection de la terre, si bientôt elles ne retombaient en pluies précipitées par les orages, ou dispersées par les vents; et ces plages, alternativement sèches et noyées, où la terre et l'eau semblent se disputer des possessions illimitées, et ces broussailles de mangles jetées sur les confins indécis de ces deux élémens, ne sont peuplées que d'animaux immondes qui pullulent dans ces repaires, cloaques de la nature, où tout retrace l'image des déjections monstrueuses de l'antique limon. Des serpens énormes tracent de larges sillons sur cette terre bourbeuse; les crocodilles, les crapauds, les lézards, et mille autres reptiles à larges pattes en pétrissent la fange; des millions d'insectes, enflés par la chaleur humide, en soulèvent la vase; et tout ce peuple impur rampant sur le limon ou bourdonnant dans l'air qu'il obscurcit encore; toutes ces vermines dont

fourmille la terre , attirent de nombreuses co-
hortes d'oiseaux ravisseurs , dont les cris con-
fus , multipliés et mêlés aux coassemens des
reptiles , en troublant le silence de ces affreux
déserts , semblent ajouter la crainte à l'horreur
pour écarter l'homme et en interdire l'entrée
aux autres êtres sensibles.

Au milieu de ces sons discordans d'oiseaux
criards et de reptiles coassans , s'élève par
intervalle une grande voix qui leur en
impose à tous , et dont les eaux retentissent
au loin : c'est la voix du kamichi , grand oiseau noir , très-remarquable par la force de
son cri et par celle de ses armes ; il porte sur
chaque aile deux puissans éperons , et sur sa
tête une corne pointue de trois ou quatre
pouces de longueur sur deux ou trois lignes
de diamètre à sa base ; cette corne implantée
sur le haut du front , s'élève droit et finit en
une pointe aigüe , un peu courbée en avant ,
et vers sa base elle est revêtue d'un fourreau
semblable au tuyau d'une plume.

Avec cet appareil d'armes très-offensives ,
et qui le rendraient formidable au combat ,
le kamichi n'attaque point les autres oiseaux ,
et ne fait la guerre qu'aux reptiles : il a même
les mœurs douces et le naturel profondément

Pl.
Heron.
Aigrette.
Grande Aigrette.
Demi-Aigrette.
Heron blanc à Calotte noire
Crabier de Mahon.
Crabier vert.
Blongios.
Bec ouvert.

sensible, car le mâle et la femelle se tiennent toujours ensemble ; fidèles jusqu'à la mort, l'amour qui les unit semble survivre à la perte que l'un ou l'autre fait de sa moitié ; celui qui reste, erre sans cesse en gémissant, et se consume près des lieux où il a perdu ce qu'il aime.

Ces affections touchantes forment dans cet oiseau, avec sa vie de proie, le même contraste en qualités morales, que celui qui se trouve dans sa structure physique ; il vit de proie, et cependant son bec est celui d'un granivore ; il a des éperons et une corne, et néanmoins sa tête ressemble à celle d'un gallinacée ; il a les jambes courtes, mais les ailes et la queue fort longues ; tout son manteau est noir-brun ; les épaules sont marquées de roux, et cette couleur s'étend sur le bord des ailes.

LE HÉRON (pl. 51).

Famille des Echassiers cultrirostres.

Le héron nous présente l'image d'une vie de souffrance, d'anxiété, d'indigence : n'ayant que l'embuscade pour tout moyen d'industrie, il passe des heures entières à la même place, immobile au point de laisser douter si c'est

un être animé. Lorsqu'on l'observe avec une
lunette (car il se laisse rarement approcher),
il paraît comme endormi, posé sur une pierre,
le corps presque droit , sur un seul pied , le
cou replié le long de la poitrine et du ventre,
la tête et le bec couchés entre les épaules, qui
se haussent et excèdent de beaucoup la poitrine;
et s'il change d'attitude , c'est pour en prendre
une encore plus contrainte en se mettant en
mouvement : il entre dans l'eau jusqu'au-dessus des genoux , la tête entre les jambes, pour
guetter au passage une grenouille , un poisson ;
mais , réduit à attendre que sa proie vienne
s'offrir à lui , et n'ayant qu'un instant pour la
saisir , il doit subir de longs jeûnes et quelquefois périr d'inanition ; car il n'a pas l'instinct , lorsque l'eau est couverte de glace ,
d'aller chercher à vivre dans des climats plus
tempérés. Dans les froids rigoureux , forcés
de quitter les marais et les rivières gelées, les
hérons se tiennent près des ruisseaux et des sour-
ces chaudes ; et c'est dans ce temps qu'ils sont
les plus en mouvement et où ils font d'assez
grandes traversées pour changer de station,
mais toujours dans la même contrée. Ils semblent donc se multiplier à mesure que le
froid augmente ; et ils paraissent également

supporter la faim et le froid ; ils ne ré-
sistent et ne durent qu'à force de patience
et de sobriété : mais ces froides vertus sont
ordinairement accompagnées du dégoût de la
vie. Lorsqu'on prend un héron , on peut
le garder quinze jours sans lui voir chercher
ni prendre aucune nourriture ; il rejette même
celle qu'on tente de lui faire avaler. Sa mé-
lancolie naturelle , augmentée , sans doute ,
par la captivité , l'emporte sur l'instinct de sa
conservation , sentiment que la nature im-
prime le premier dans le cœur de tous les
êtres animés ; l'apathique héron semble se
consumer sans languir ; il périt sans se plain-
dre et sans apparence de regret.

Pendant la grande partie du jour , les hérons se tiennent debout et dans un repos ab-
solu ; ils prennent quelque essor pendant la
nuit ; on les entend alors crier en l'air à
toute heure et dans toutes les saisons ; leur
voix est un son unique aigu et plaintif, qu'ils
répètent de moment en moment.

La chasse du héron était autrefois parmi
nous le vol le plus brillant de la fauconnerie ;
il faisait le divertissement des princes qui se
réservaient comme gibier d'honneur la mauvaise chair de cet oiseau qualifiée viande royale

et servie comme un mets de parade dans les banquets.

Les nids des hérons sont vastes, composés de bûchettes, et de beaucoup d'herbes sèches, de jonc et de plumes ; les œufs sont d'un bleu verdâtre pâle. Pris jeune, le héron s'apprivoise, se nourrit et s'engraisse. Sa chair devient alors assez bonne.

Tout le dessus du corps de cet oiseau est d'un beau gris de perle ; la gorge est noire, et de belles mouchetures marquent les longues plumes pendantes du devant du cou. Le mâle porte sur la tête une aigrette noire dont la femelle est dépourvue ; debout, il a plus de trois pieds de hauteur, et avec de si grandes dimensions, son poids n'excède pas quatre livres.

L'AIGRETTE (pl. 51) est une petite espèce de héron blanc que l'on trouve dans les deux Continens ; de chacune de ses épaules sort une touffe de belles plumes flexibles et ondoyantes qui s'étendent sur le dos et jusques au delà de la queue ; elles sont d'un blanc de neige ainsi que toutes les autres plumes de l'oiseau, et elles servent à faire des panaches.

La GRANDE AIGRETTE (pl. 51) ressemble à notre aigrette par le beau blanc de son plumage ; comme elle, son bec et ses pieds sont nores; mais elle est du double plus grande; l'espèce en est assez commune à la Guyane.

La DEMI-AIGRETTE (pl. 51). Cet oiseau de Cayenne a le dos d'une couleur bleuâtre foncée et le ventre blanc; son aigrette n'est qu'un faisceau de brins effilés et de couleur rousse.

Le HÉRON BLANC A CALOTTE NOIRE (pl. 51) se trouve à Cayenne; tout son plumage est blanc, à l'exception d'une calotte noire sur le sommet de la tête.

LES CRABIERS.

Famille des Échassiers cultrirostres.

Ce sont des oiseaux analogues au héron, mais plus petits encore que l'aigrette d'Europe. On leur a donné le nom de crabiers, parce, que quelques espèces se nourrissent de crabes de mer et prennent des écrevisses dans les rivières. Ils sont répandus dans les deux hé_ misphères et l'on en connaît un assez grand nombre d'espèces. Les principales sont :

Le *Crabier de Mahon* (pl. 51). Il a les ailes blanches, le dos roussâtre et la gorge gris-blanc. Sa tête est ornée d'une huppe. — Le *blongios* (pl. 51); il n'est pas plus grand qu'un râle; il a le dessus de la tête et du dos

noirs, le cou le ventre et le dessus des ailes
d'un roux marron. On le trouve fréquemment
en Suisse; on le connaît peu en France. — Le
Crabier vert (pl. 51). Cet oiseau est l'un des
plus beaux de son genre ; de longues plumes
d'un vert doré ornent le dessus de sa tête ;
des plumes de même couleur, étroites et flot-
tantes, couvrent le dos; le reste de son plumage
offre un mélange d'un vert doré, d'un vert
sombre, et d'un roux très-vif. Il habite l'Amérique septentrionale.

Le BEC-OUVERT (pl. 51) est un oiseau voisin de la famille des hérons. Le bec de cet
oiseau est en effet béant et ouvert sur deux
tiers de sa longueur; la partie du dessus et
celle du dessous se déjetant également en
dehors, laissent entr'elles un espace vide, et
ne se rejoignent qu'à la pointe. On trouve cet
oiseau aux Grandes-Indes. On ne sait rien de
ses habitudes naturelles. On conçoit difficilement comment l'oiseau peut faire usage d'un
tel bec.

Le COURLIRI OU COURLAN (pl. 51) ressemble au héron ; mais il en diffère par son bec
un peu courbé à la pointe. Son plumage est
brun. On trouve cet oiseau à Cayenne.

Bihorreau
Butor
Onoré
Ombrette
Courliri
Spatule
Savacou

LE BUTOR (pl. 52).

Famille des Échassiers cultrirostres , genre des Grues.

Les butors ont les jambes beaucoup moins longues que les hérons et le corps plus charnu. Malgré l'espèce d'insulte attaché à son nom, le butor est moins stupide que le héron, mais il est encore plus sauvage; on ne le voit presque jamais ; il n'habite que les marais d'une certaine étendue où il y a beaucoup de joncs ; il se tient de préférence sur les grands étangs environnés de bois ; il y mène une vie solitaire et paisible ; caché dans les roseaux , il reste des jours entiers dans le même lieu et semble mettre toute sa sûreté dans la retraite et dans l'inaction , au lieu que le héron plus inquiet se remue et se découvre davantage. Vers l'automne, le butor prend son essor pour changer de domicile ; on le prendrait dans son vol pour un héron , si de moment à moment il ne faisait entendre une voix toute différente, plus retentissante et plus grave , *cab cab* ; et ce cri , quoique désagréable, ne l'est pas autant que la voix effrayante qui lui a mérité le nom de butor ; c'est une espèce de mugissement *hi-rhônd*, qu'il répète cinq à six fois de suite au printemps, et qu'on entend d'une demi-lieue; la plus grosse contrebasse rend un son moins ronflant sous l'archet.

Il y a peu d'oiseaux qui se défendent avec autant de sang-froid; il n'attaque jamais, mais lorsqu'il est attaqué, il combat courageusement et se bat bien, sans se donner beaucoup de mouvement. Si un oiseau de proie fond sur lui il ne fuit pas, il l'attend debout; et le reçoit sur le bout de son bec qui est très-aigu; l'ennemi blessé s'éloigne en criant. Il se défend même contre le chasseur qui l'a blessé; au lieu de fuir, il l'attend et lui lance dans les jambes des coups de bec si violens qu'il perce les bottines et pénètre fort avant dans les chairs. On est obligé d'assommer ces oiseaux, car ils se défendent jusqu'à la mort.

Le fond du plumage du butor est d'une couleur fauve chargée de mouchetures ou hachures noirâtres. Cet oiseau habite nos climats; il est assez commun sur les côtes de Picardie. On trouve à Cayenne un oiseau nommé *onoré* (pl. 52) qui a beaucoup de rapport avec notre héron; il en a la forme et les couleurs, et n'en diffère qu'en ce que son cou est moins chargé de plumes.

LE BIHOREAU (pl. 52).

Famille des Échassiers cultrirostres, genre des Hérons.

L'espèce de croassement étrange ou plutôt de râlement effrayant et lugubre que cet oiseau fait entendre pendant la nuit, lui a fait donner le nom de *corbeau de nuit*. Il ressemble au héron par la forme et l'habitude du corps ; mais il en diffère en ce qu'il a le cou plus court et plus fourni, la tête plus grosse et le bec moins effilé ; il est aussi plus petit. Son plumage est noir, à reflet vert sur la tête et la nuque, vert obscur sur le dos, gris perlé sur le reste du corps ; le mâle porte sur la nuque du cou, des brins ordinairement au nombre de trois, très-déliés, d'un blanc de neige ; de toutes les plumes d'aigrettes celles-ci, sont les plus belles et les plus précieuses. La femelle est privée de cet ornement. Le bihoreau paraît être un oiseau de passage ; il fréquente également les rivages de la mer et les rivières ou marais de l'intérieur des terres. L'espèce est assez rare. On la trouve en France, dans la Pologne et en Italie.

L'OMBRETTE (pl. 52).

Famille des Échassiers cultrirostres , genre des Hérons.

Cet oiseau, qui se trouve au Sénégal, est un peu plus grand que le bihoreau ; la couleur d'ombre, ou de gris-brun foncé de son plumage, lui a fait donner le nom d'ombrette. Il diffère principalement du héron par son bec large et épais à sa base et courbé à sa pointe.

LE CANCROMA OU SAVACOU (pl. 52).

Famille des Échassiers brévirostres.

Cet oiseau naturel aux régions de la Guyane et du Brésil , a la taille et les proportions du bihoreau ; mais son bec large, épaté et semblable à deux cuillers appliquées l'une contre l'autre l'a fait classer dans une autre famille. Il habite les savanes noyées et se tient le long des rivières ; c'est là que perché sur les arbres aquatiques , il attend le passage des poissons dont il fait sa proie et sur lesquels il tombe en plongeant. Son plumage présente un mélange de gris-roux et de gris bleuâtre ; sa gorge est recouverte d'une peau jaunâtre et nue. Le mâle porte un long panache noir sur la tête.

Bécasse
Bécassine
Chevalier aux pieds rouges
Barge
Maubéche
Combattant en amour
Combattant en mue
Bécasseau
Guignette

LA SPATULE (pl. 52).

Famille des Échassiers cultrirostres.

La spatule est toute blanche; elle est de la grosseur du héron, mais elle a les pieds moins hauts et le cou moins long; son bec singulier est élargi par le bout comme une spatule, et ce bout est d'une couleur orangée. Elle habite les bords de la mer et de quelques lacs; on la trouve dans le Poitou, la Bretagne, la Picardie et la Hollande. La spatule fait son nid à la sommité des grands arbres voisins des côtes de la mer. Elle se nourrit également de poissons, de coquillages, d'insectes et de vers. La *spatule d'Amérique* a son plumage d'une belle couleur de rose sur le cou, le dos, les flancs et les ailes.

LA BÉCASSE (pl. 53).

Famille des Échassiers longirostres.

La bécasse est peut-être de tous les oiseaux de passage celui dont les chasseurs font le plus de cas, tant à cause de l'excellence de sa chair que par la facilité qu'ils trouvent à se saisir de cet oiseau stupide, qui arrive dans nos bois vers le milieu d'octobre ; elle descend alors des hautes montagnes où elle habite pendant l'été ; les bécasses arrivent la nuit, et le jour par un temps sombre, toujours une à une ou deux ensemble, et jamais en troupes ; elles s'ébattent dans les grandes haies, dans les taillis, dans les futaies; elles s'y tiennent retirées et tapies tout le jour ; elles quittent ces endroits fourrés à l'entrée de la nuit pour se répandre dans les clairières ; elles choisissent de préférence les terres molles et humides, et elles y enfoncent leur bec pour y chercher les vermisseaux dont elles se nourrissent.

Le vol de la bécasse, quoique, rapide n'est ni élevé ni long-temps soutenu ; elle court avec beaucoup de promptitude.

Il serait trop long et trop difficile de décrire en détail le plumage de la bécasse ; nous dirons seulement que c'est un mélange de teintes hachées et fondues, lavées de gris, de bistre et de terre d'ombre, et qui produisent un effet très-agréable, quoique dans le genre sombre.

La bécasse fait son nid par terre comme tous les oiseaux qui ne se perchent pas ; il est composé de feuilles et d'herbes sèches, entremêlées de petits brins de bois amoncelés sans art contre un tronc d'arbre ou sous une grosse racine. Quand la femelle couve, le mâle est presque toujours couché près d'elle ; ce n'est qu'à l'époque des couvées qu'il fait entendre sa voix *go*, *go*, *go*, *go*, *pidi*, *pidi*, *pidi*, car il est muet, ainsi que la femelle, pendant le reste de l'année.

L'espèce de la bécasse est généralement répandue. On la trouve dans presque tous les pays habités des deux Continens.

La bécassine (pl 53) ressemble beaucoup à la bécasse, mais elle est moitié plus petite; son bec est plus allongé et au lieu d'une tache noire, elle a quatre taches brunâtre sur la tête. Elle ne fréquente pas les bois comme la bécasse; elle se tient dans les endroits marécageux des prairies, dans les herbages et les osiers qui bordent les rivières ; elle chante si fort en volant qu'on l'entend encore lorsqu'on l'a perdue de vue. En France les bécassines paraissent en automne; l'espèce en est très nombreuse et paraît être répandue encore plus universellement que celle de la bécasse ; on la cuit comme la bécasse sans la vider et partout on la recherche comme un gibier exquis. Elle est tellement sauvage, qu'on ne peut l'apprivoiser d'aucune manière.

LES BARGES.

Famille des Échassiers longirostres, genre des Bécasses.

De tous les êtres légers sur lesquels la nature a répandu tant de vie et de grâces et qu'elle paraît avoir jeté à travers la grande scène de ses ouvrages pour animer le vide de l'espace et y produire du mouvement, les oiseaux des marais sont ceux qui ont eu le moins de part à ses dons ; leurs sens sont obtus ; leur instinct est réduit aux sensations les plus grossières, et leur naturel se borne à chercher à l'entour des marécages, leur pâture sur la vase ou dans les terres fangeuses ; comme si ces espèces attachées au premier limon, n'avaient pu prendre part aux progrès plus heureux et plus grands qu'ont fait successivement toutes les autres productions de la nature, dont les développemens se sont étendus et embellis par les soins de l'homme ; tandis que ces habitans des marais sont restés dans l'état imparfait de leur nature brute.

En effet, aucun d'eux n'a les grâces ni la gaîté de nos oiseaux des champs ; il ne savent point comme ceux-ci, s'amuser, se réjouir ensemble ni prendre de doux ébats entr'eux sur la terre ou dans l'air ; leur vol n'est qu'une fuite, une traite rapide d'un froid marécage à un autre; retenus sur le sol humide, ils ne peuvent, comme les hôtes des bois, se jouer dans les rameaux ni même s'y poser ; ils gissent à terre et se tiennent à l'ombre pendant le jour ; une vue faible, un naturel timide, leur font préférer l'obscurité de la nuit, ou la lueur des crépuscules, à la clarté du jour ; et c'est moins par les yeux que par le tact et l'odorat qu'ils cherchent leur nourriture; c'est ainsi que vivent les bécassines et la plupart des autres oiseaux des marais entre lesquels les barges forment une petite famille, immédiatement au-dessous de celle de la bécasse ; elles ont la même forme de corps ; mais les jambes plus hautes et le bec encore plus long, quoique conformés de même. Leur voix est assez extraordinaire, car on l'a comparé au bêlement étouffé d'un lièvre ; ces oiseaux sont inquiets ; ils partent de loin et jetent un cri de frayeur en partant ; ils sont rares dans les contrées éloignées de la mer, et ils se plaisent dans les marais salés; ils volent à-peu-près comme les bécasses et courent comme des perdrix. Leur chair est très-délicate.

La BARGE commune (pl. 53) se trouve en abondance sur nos côtes et surtout sur celles de Picardie. Son plumage est d'un gris uniforme. On connaît encore *la barge aboyeuse, la barge rousse, la barge blanche et la barge variée,* etc.

LES CHEVALIERS.

Famille des Échassiers longirostres, genre des Bécasses.

Belon, ancien naturaliste, dit en parlant de ces oiseaux dans son vieux langage : « les Français voyant un oisillon haut encruché sur ses jambes quasi comme étant à cheval, l'ont nommé chevalier. » Les oiseaux chevaliers sont en effet, fort haut montés ; ils sont plus petits de corps que les barges et néanmoins ils ont les pieds tout aussi longs; leur bec plus raccourci est au reste conformé de même : comme les barges, ils vivent dans les prairies humides et dans les endroits marécageux ; ils fréquentent les bords des étangs et des rivières. Les vermisseaux font leur pâture ordinaire.

Leur chair est estimée; mais c'est un mets assez rare ; car ils ne sont nulle part en grand nombre, et d'ailleurs ils ne se laissent approcher que difficilement.

Le *chevalier aux pieds rouges* (pl. 53)
est l'espèce la plus remarquable de ce genre;
il est de la grosseur du pluvier doré ; ses pieds
sont en effet rouges ; la racine de son bec est
de la même couleur; son plumage est blanc
sous le ventre ; légèrement ondé de gris et de
roussâtre sur la poitrine et le devant du cou ;
varié sur le dos de roux et de noirâtre par
petites bandes. On trouve cet oiseau dans plusieurs endroits de la France. On le trouve aussi
en Amérique.

LES COMBATTANS, *vulgairement paons de
mer* (pl. 53).

*Famille des Échassiers longirostres, genre
des Vanneaux.*

Il est peut-être bizarre de donner à un
animal un nom qui ne paraît fait que pour
l'homme en guerre : mais ces oiseaux nous
imitent; non-seulement ils se livrent entr'eux
des combats seul à seul, des assauts corps à
corps ; mais ils combattent aussi en troupes
réglées, ordonnées et marchant l'une contre
l'autre ; ces phalanges ne sont composées que
de mâles qu'on prétend être, dans cette espèce,
beaucoup plus nombreux que les femelles ;

celles-ci attendent la fin de la bataille et restent le prix de la victoire.

Chaque printemps ces oiseaux arrivent par grandes bandes sur les côtes de la Hollande de France et d'Angleterre. On les connaît aussi sur les côtes de la mer d'Allemagne, en Suède, en Dannemarck et en Norwège.

Les combattans sont de la taille du chevalier aux pieds rouges, un peu moins hauts sur jambes; ils ont le bec de la même forme, mais plus court; les femelles sont ordinairement plus petites que le mâle; leur plumage est blanc, mélangé de brun sur le manteau. Celui des mâles est fort extraordinaire au printemps; au commencement de cette saison, il naît autour de leur cou une grande quantité de plumes formant un gros collier dont les couleurs varient beaucoup; et une multitude de papilles rouges et charnues s'élèvent en même temps sur le devant de la tête et à l'entour des yeux. Ce collier tombe par une mue qui arrive à ces oiseaux vers la fin de juin; les tubercules vermeils qui entouraient leur tête pâlissent et s'oblitèrent, et ensuite elle se recouvre de plumes; dans cet état, on ne distingue plus guères les mâles des femelles; et tous ensemble partent alors des lieux où ils ont fait leurs nids et leur ponte. Ils nichent en groupes comme les hérons.

On peut élever ces oiseaux en captivité et les engraisser en le nourrissant avec du lait et de la mie de pain ; mais on est obligé de les tenir renfermés dans des lieux obscurs ; car aussitôt qu'ils voient la lumière, ils se battent ; ainsi l'esclavage ne peut rien diminuer de leur humeur guerrière ; dans les volières où on les renferme , ils vont présenter le défi à tous les autres oiseaux ; s'il est un coin de gazon vert ils se battent à qui l'occupera ; et comme s'ils se piquaient de gloire , ils ne se montrent jamais plus animés que quand il y a des spectateurs. La crinière ou collier des mâles est pour eux une sorte d'armure , un vrai plastron qui peut parer les coups ; les plumes en sont longues fortes et serrées, et lorsqu'ils s'attaquent, ils les hérissent d'une manière menaçante.

LA MAUBÈCHE.

Famille des Échassiers longirostres , genre des Vanneaux.

Les maubèches sont de petits oiseaux de rivage moins grands que le chevalier ; elles ont le bec plus court, les jambes moins hautes, la taille plus raccourcie. La *maubèche commune* (pl. 53) a dix pouces de la pointe du bec aux ongles ; les plumes du dos, du dessus de la tête et du cou sont d'un brun noirâtre ; tout le devant du corps est d'une couleur marron clair. Quoique l'espèce des maubèches appartienne à l'Europe ; elle est peu répandue et l'on connaît peu ses mœurs.

LE BÉCASSEAU OU CUL-BLANC DES RIVAGES (pl. 53).

Famille des Échassiers longirostres, genre des Vanneaux.

Cet oiseau est grand comme la bécassine commune ; mais il a le corps moins allongé ; son plumage est agréablement varié de cendré, de roux, de blanc et de noirâtre.

Le bécasseau habite le bord des eaux et particulièrement ceux des ruisseaux d'eau vive ; on le voit courir sur les graviers ou raser au vol la surface de l'eau ; il plonge quelquefois dans l'eau, quand il est poursuivi. Ses mœurs sont solitaires et sauvages ; sa voix est un sifflement fort doux. On trouve le bécas-

Perdrix de mer.
Alouette de mer.
Cingle.
Ibis blanc.
Courlis vert.
Courlis.
Corlieu.
Courlis de Cayenne.
Courlis rouge.

seau dans plusieurs parties de la France. Sa chair est excellente.

La GUIGNETTE (pl. 53) a les plus grands rapports avec le bécasseau : même forme , même plumage, mêmes mœurs. On la trouve en Europe et en Amérique.

LA PERDRIX DE MER (pl. 53).

Famille des Échassiers longirostres , genre des Bécasses.

C'est improprement que l'on a donné le nom de perdrix à ce petit oiseau de rivage ; il n'a d'autre rapport avec la perdrix qu'une faible ressemblance dans le bec. On pourrait plutôt le comparer à l'hirondelle , dont il a la forme et les proportions , la queue fourchue et la coupe des ailes. Il vit de vermisseaux et d'insectes aquatiques qu'il cherche sur le rivage de la mer, sur le bord des ruisseaux et des rivières.

La perdrix de mer grise (pl. 53) se voit, mais rarement, sur nos rivières, dans quelques-unes de nos provinces et particulièrement en Lorraine. Tout son plumage est d'un gris teint de roux sur les flancs et les petites pennes de l'aile ; elle a seulement la gorge blanche

et encadrée d'un filet noir ; elle est à-peu-
près de la grosseur d'un merle.

L'ALOUETTE DE MER (pl. 53),

*Famille des Échassiers longirostres , genre
des Bécasses.*

Cet oiseau ne ressemble à la vraie alouette que
par la taille et par quelques rapports dans les
couleurs du plumage. C'est sur les bords de
la mer que se tiennent de préférence ces oiseaux quoiqu'on les trouve aussi sur les rivières ;
ils volent en troupes souvent si serrées qu'on
ne manque pas d'en tuer un grand nombre
d'un seul coup de fusil ; et si l'on tue une de
ces alouettes dans la bande , les autres voltigent autour du chasseur comme pour sauver
leur compagne. Fidèles à se suivre , elles s'entr'appellent en partant , et volent de compagnie , en rasant la surface des eaux. Ainsi que
le bécasseau et la guignette, l'alouette de mer
dépose ses œufs sur le sable nu. L'espèce en
est très-répandue : on la trouve également en
Europe , en Afrique et en Amérique.

Le CINCLE ou CINCLUS est l'oiseau le plus
petit de la nombreuse tribu des oiseaux de rivage ; il paraît n'être qu'une espèce secondaire et
subalterne de l'alouette de mer : un peu plus

petit et moins haut sur ses jambes, il a le même plumage, les mêmes mœurs, et habite les mêmes endroits.

L'IBIS.

Famille des Echassiers longirostres, genre des Courlis.

Dans les premiers siècles, le sol de l'Egypte' sans cesse abreuvé par les épanchemens périodiques du Nil, n'était qu'un vaste limon, d'où sortirent des essaims de petits reptiles et d'insectes malfaisans, qui eussent causé la ruine de sa population, si les ibis ne fussent venus à leur rencontre, pour les combattre et les détruire ; la superstition se mêla à la reconnaissance du peuple d'Égypte, et bientôt on supposa dans ces oiseaux tutélaires quelque chose de divin ; on alla même jusqu'à croire que *Toth* ou Mercure, inventeur des arts et des lois, avait subi cette transformation ; on éleva des autels à l'ibis ; on lui rendit des honneurs divins ; sa figure fut gravée sur les temples ; il fut défendu, sous peine de mort, de tuer cet oiseau. Les Égyptiens, si fameux dans l'art des embaumemens, préparaient, avec autant de soin, ses restes sacrés, que ceux de leurs parens et de leurs amis. Plusieurs puits de momies, dans la plaine de Saccara, s'appellent puits des oiseaux, parce qu'on n'y trouve qne des oiseaux empaillés, surtout des ibis, enfermés dans de longs pots de terre cuite.

Ces oiseaux ont une forte antipathie contre tous les reptiles ; ils leur font la plus cruelle guerre. Accoutumés au respect qu'on leur marquait en Egypte, ils venaient anciennement sans crainte dans les villes ; ils remplissaient les rues et les carrefours d'Alexandrie jusqu'à l'importunité et à l'incommodité, consommant à la vérité les immondices, mais attaquant aussi ce qu'on mettait en réserve, et souillant tout de leur fiente : inconvénient que les Egyptiens grossièrement religieux souffraient avec plaisir.

On connaît deux espèces d'ibis ; l'une à plumage noir, l'autre toute blanche à l'exception des ailes et de la queue qui sont très-noirs. L'IBIS BLANC (pl. 54) a de plus le dessous de la gorge et le tour des yeux couverts d'une peau nue et ridée. Le bec des ibis est courbé dans toute sa longueur ; ses côtés sont tranchans et assez durs pour couper les serpens.

LES COURLIS (pl. 54).

Famille des Echassiers longirostres.

Le courlis commun a le cou et les pieds longs ; les jambes en partie nues et les doigts engagés vers leur jonction dans une espèce de membrane ; il est à-peu-près de la grosseur d'un chapon ; sa longueur totale est d'environ deux pieds ; celle de son bec de cinq à six pouces ; tout son plumage est un mélange de gris-blanc , à l'exception du ventre et du croupion qui sont entièrement blancs. Il se nourrit de vers de terre , d'insectes qu'il ramasse sur les sables et la vase de la mer , ou sur les marais et dans les prairies humides.

Ces oiseaux courent très-vite , et volent en troupe ; ils sont de passage en France , et s'arrêtent à peine dans nos contrées intérieures ; mais ils séjournent dans les contrées maritimes. Du reste ils sont répandus dans presque toutes les parties du monde.

Le *corlieu* (pl. 54) est moins gros que le courlis auquel il ressemble par la forme et le plumage ; il a aussi le même genre de vie et les mêmes habitudes. — Le *courlis vert* ou *courlis d'Italie* (pl. 54) approche de la taille du héron ; le dessus du dos , des ailes et de la queue est d'un vert-doré ; le reste du plumage est d'un beau marron foncé. — Le *courlis rouge* (pl. 54) appartient à l'Amérique. On le trouve à la Guyane ; tout son plumage est écarlate, à l'exception de la pointe des premières pennes de l'aile , qui est noire. — Le *grand courlis de Cayenne* (pl. 54) a tout le manteau et le devant du corps d'un brun ondé de gris , et lustré de vert , le cou blanc roussâtre ; les grandes couvertures des ailes sont blanches.

LE VANNEAU (pl. 55).

Famille des Echassiers longirostres.

Le vanneau paraît avoir tiré son nom du bruit que font ses ailes en volant, qui sont semblables à celui d'un van qu'on agite pour purger le blé. Les Grecs lui avaient donné le nom de paon sauvage à cause de son aigrette et de ses jolies couleurs ; cependant cette aigrette du vanneau est bien différente de celle du paon ; elle ne consiste qu'en quelques longs brins très-effilés ; et les couleurs de son corps, dont

Vanneau armé.
Pluvier doré.
Vanneau.
Vanneau pluvier.
Echasse.
Grand Pluvier.
Pluvian.
er à collier.

le dessous est blanc , n'offrent , sur un fonds assez sombre , leurs reflets brillans et dorés , qu'à l'œil qui les recherche de près.

Cet oiseau est fort gai ; il est sans cesse en mouvement, folâtre et se joue de mille manières en l'air ; il s'y tient par instinct dans toutes les situations , même le ventre en haut, sur les côtés et les ailes dirigées perpendiculairement ; et aucun oiseau ne caracole et ne voltige plus lestement.

Les vanneaux arrivent dans nos prairies en grandes troupes, au commencement de mars ou même dès la fin de février. On les voit alors se jeter dans les blés verts, et couvrir le matin les prairies marécageuses pour chercher les vers qu'ils font sortir de terre par une singulière adresse : les vanneaux qui rencontrent un de ces petits tas de terre en boulettes ou chapelets que le ver a rejetés en se vidant , le débarrasse d'abord légèrement, et ayant mis le trou à découvert, il frappe à côté la terre avec son pied , reste l'œil attentif et le corps immobile : cette légère commotion suffit pour faire sortir le ver , qui dès qu'il se montre est enlevé d'un coup de bec. Le soir venu, ces oiseaux ont un autre manège ; ils courent dans l'herbe , sentent sous leurs pieds les vers qui sortent à la fraîcheur, et en font une ample pâture.

Les vanneaux sont défians et se laissent difficilement approcher. Les premières chaleurs du printemps deviennent le signal des combats entre les mâles ; les femelles semblent fuir, et sortent les premières du milieu de la troupe, comme si ces querelles ne les intéressaient pas, mais en effet pour attirer après elles ces combattans, et leur faire contracter une société plus douce.

La ponte se fait en avril ; elle est de trois ou quatre œufs oblongs, d'un vert sombre, et tacheté de noir ; la femelle les dépose dans les marais sur les petites buttes ou mottes de terre, élevées au - dessus du terrain ; elle couve assiduement : si quelque objet inquiétant la force de se lever de dessus ses œufs, elle piette un certain temps en se traînant dans l'herbe et ne s'envole que lorsqu'elle se trouve assez éloignée de ses œufs pour que son départ n'en indique pas la place.

Ces oiseaux qui vont par grandes troupes, ne restent pas plus de vingt-quatre heures dans les mêmes cantons, car ils ont bientôt épuisé la pâture qu'ils leur offrent. Vers le mois d'octobre ils disparaissent de nos contrées.

L'espèce en est généralement répandue sur toute la terre. Le vanneau est un gibier assez estimé.

Le VANNEAU ARMÉ DU SÉNÉGAL (pl. 55) est de la grosseur du nôtre, mais il a les pieds fort hauts. Son plumage est d'un gris-brun clair sur le devant du corps ; le dos de la même couleur , mais plus foncé. Cet oiseau est armé au pli de l'aile d'un petit éperon corné , long de deux lignes et terminé en pointe aigue.

Les Français du Sénégal ont nommé *criards* ces vanneaux armés , parce que , dès qu'ils voient un homme , ils se mettent à crier et voltiger autour de lui ; les autres oiseaux avertis par ces clameurs bruyantes prennent aussitôt la fuite ; ces vanneaux sont les fléaux des chasseurs.

Le VANNEAU PLUVIER (pl. 55) est privé de l'aigrette qui orne la tête du vanneau ordinaire. Tout son plumage est d'un gris-cendré clair et presque blanc sous le corps. Cette espèce est assez répandue en Europe, quoique moins nombreuse que celle du vanneau commun.

8*

LE PLUVIER.

Famille des Echassiers longirostres.

Les pluviers paraissent en troupes nombreuses dans nos provinces de France pendant
les pluies d'automne, auxquelles ils
doivent leur nom. Ils fréquentent, comme
les vanneaux, les terres humides et limo-
neuses, où ils cherchent des vers et des
insectes ; ils vont à l'eau le matin pour se
laver le bec et les pieds, qu'ils se sont rem-
plis de terre en la fouillant ; cette habitude
leur est commune avec les bécasses, les
vanneaux, les courlis, et plusieurs autres
oiseaux qui se nourrissent de vers : du reste,
leurs mœurs et leurs habitudes ont beaucoup
de rapport avec celles des vanneaux. On ne
voit jamais un pluvier seul, et leurs plus
petites bandes sont au moins au nombre de
cinquante. Lorsqu'ils sont à terre, plusieurs
font sentinelle, pendant que le gros de la
troupe se repaît ; et, au moindre danger,
ils jettent un cri aigu, qui est le signal de la
fuite. En volant ils suivent le vent, et se rangent sur une seule ligne en largeur : à terre,
ces oiseaux courent beaucoup et très-vite.

L'espèce du pluvier, quoique nombreuse dans nos contrées, n'est pas aussi généralement répandue que celle du vanneau.

Le PLUVIER DORÉ (pl. 55) est l'espèce la plus commune et la plus remarquable du genre des pluviers ; il a tout le dessus du corps tacheté de traits de pinceau d'un jaune doré entremêlé de gris-blanc, sur un fond noirâtre ; les mêmes couleurs, quoique plus faibles, sont mélangées sur la poitrine ; le ventre est blanc et le bec noir, et il est, ainsi que chez tous les pluviers, court, arrondi, et renflé par le bout.

Le PLUVIER A COLLIER (pl. 55) est à-peu-près de la taille de l'alouette ; sa tête est ronde ; son bec, court, est blanc ou jaune dans sa première moitié et noir à sa base ; le front est blanc ; il y a un bandeau noir sur le sommet de sa tête, et une calotte grise la recouvre ; le collier est blanc, et la poitrine porte un plastron noir ; le manteau est gris-brun, le dessous du corps d'un beau blanc.

Les pluviers à collier vivent au bord des eaux ; ils courent très-vite sur la grève, en interrompant leur course par de petits vols, et toujours en criant.

Le PLUVIAN (pl. 55) est à-peu-près de la même grandeur que le pluvier à collier ; son cou est plus long et son bec plus fort ; il a le dessus du corps noir ; les ailes mêlées d'un joli gris, de blanc et de noir ; le devant du cou d'un blanc roussâtre , et le ventre blanc.

Le GRAND PLUVIER OU COURLIS DE TERRE (pl. 55) est beaucoup plus grand que le pluvier doré ; il est même plus gros que la bécasse ; tout son plumage, sur un fond gris-blanc et gris roussâtre, est moucheté, par pinceaux de brun et de noirâtre : le ventre, qui est blanc , n'est point moucheté. Il habite de préférence les lieux élevés, les terres sèches et pierreuses. Ces oiseaux, solitaires et tranquilles pendant la journée, se mettent en mouvement à la chute du jour; ils se répandent alors de tous côtés en volant rapidement et criant de toutes leurs forces sur les hauteurs ; leur voix , qui s'entend de très-loin, est un son plaintif, assez semblable à celui d'une flûte douce.

Au mois de novembre, ces pluviers se réunissent, par troupe de trois ou quatre cents, à la voix d'un seul qui les appelle, et ils partent pendant la nuit. On les revoit de bonne heure au printemps. La femelle pond deux ou trois œufs sur la terre nue : le mâle ne la quitte pas et la seconde dans l'éducation des petits.

L'ÉCHASSE (pl. 56).

Famille des Echassiers longirostres , genre des Pluviers.

L'échasse est dans les oiseaux ce que la gerboise est dans les quadrupèdes ; ses jambes, trois fois longues comme le corps, présentent une disproportion monstrueuse ; elles lui permettent à peine de porter son bec à terre pour prendre sa nourriture ; et, de plus, ces jambes, si disproportionnées , sont comme des échasses , grêles , faibles et fléchissantes , supportant mal le petit corps de l'oiseau , et retardant sa course plus qu'elles ne l'accélèrent ; enfin, les trois doigts, beaucoup trop courts pour les jambes, asseyent mal sur ses pieds ce corps chancelant , trop loin du point d'appui.

L'échasse paraît néanmoins se dédommager , par le vol, de la lenteur de sa marche pénible ; ses ailes sont longues, et dépassent la queue, qui est assez courte ; leur couleur , ainsi que celle du dos, est un noir lustré de, bleu verdâtre ; le derrière de la tête est d'un gris-brun , le dessus du cou est mêlé de noirâtre et de blanc ; tout le dessous 'est blanc depuis la gorge jusqu'au bout de la queue. Ses pieds sont rouges et ont huit pouces de hauteur.

On connaît peu les habitudes naturelles de l'échasse; cet oiseau, assez rare, habite le nord de l'Europe et l'Amérique septentrionale.

L'HUÎTRIER , *vulgairement la* PIE DE MER (pl. 56).

Famille des Palmipèdes pressirostres.

Les oiseaux qui sont dispersés dans nos champs , ou retirés sous l'ombrage de nos forêts , habitent les lieux les plus rians et les retraites les plus paisibles de la nature ; mais elle n'a pas donné à tous cette douce destinée ; elle en a confiné quelques-uns sur les rivages solitaires , sur la plage nue que les flots de la mer disputent à la terre , contre lesquels ils viennent mugir et se briser, et sur les écueils isolés et battus de la vague bruyante. Dans ces lieux déserts et formidables pour tous les

autres êtres, quelques oiseaux, tels que l'huîtrier, savent trouver la subsistance, la sécurité
et même les plaisirs ; celui-ci vit de vers
marins, d'huîtres, de patelles et d'autres coquillages, qu'il ramasse sur les sables du
rivage ; il se tient constamment sur les bancs,
les rescifs découverts à basse mer, sur les
grèves, où il suit le reflux, et ne se retire
que sur les falaises, sans s'éloigner jamais des
terres et des rochers. On a aussi donné à cet
huîtrier, le nom de pie de mer, non-seulement
à cause de son plumage noir et blanc, mais
encore parce qu'il fait, comme la pie, un bruit
ou cri continuel, surtout lorsqu'il est en troupe :
ce cri, aigu et court, est répété sans cesse en
repos et en volant.

Ces oiseaux, assez rares sur les côtes de
France, sont très-communs sur les côtes occi-
dentales de l'Angleterre : on les trouve aussi
en Islande, en Norwège et jusqu'en Amérique.

L'huîtrier est de la grandeur d'une cor-
neille ; son bec, aplati par les côtés, en
manière de coin, est propre à détacher,
soulever, arracher du rocher et des sables
les huîtres et les autres coquillages dont il se
nourrit. Il est du petit nombre des oiseaux

qui n'ont que trois doigts ; son bec et ses pieds sont d'un beau rouge de corail.

Cet oiseau ne fait point de nid ; il dépose ses œufs, qui sont grisâtres et tachetés de noir, sur le sable nu, hors la portée des eaux ; la femelle ne les couve point assidument ; elle fait, à cet égard, ce que font presque tous les oiseaux des rivages de la mer, qui laissent au soleil, pendant une partie du jour, le soin d'échauffer leurs œufs.

LE COURRE-VITE (pl. 56).

Famille des Echassiers longirostres, genre des Pluviers.

Cet oiseau étranger est peu connu ; son plumage est d'un gris lavé de brun-roux ; il a les jambes plus hautes que le pluvier ; il est aussi grand, mais moins gros ; ses pieds sont semblables à ceux du pluvier, mais il en diffère par son bec courbé.

LE TOURNE-PIERRE (pl. 56).

Famille des Echassiers longirostres, genre des Pluviers.

Cet oiseau a l'habitude singulière de retourner les pierres au bord de l'eau, pour

Tourne-pierre
Merle d'eau
Courre vite
Huitrier
Caurale
Marouette
Râle d'eau
Râle de Terre

trouver dessous les vers et les insectes, dont il fait sa nourriture. Son plumage ressemble à celui du pluvier doré ; son bec, dur et épais à la racine, va en diminuant, et finit en pointe aiguë : il est noir et long d'un pouce. Les pieds, assez courts, sont de couleur orangée.

L'espèce du tourne-pierre est commune aux deux continens : on la connaît également sur les côtes d'Angleterre, sur celles de l'Amérique et au Cap de Bonne-Espérance.

LE MERLE D'EAU (pl. 56).

Famille des Echassiers longirostres, genre des Vanneaux.

Le merle d'eau n'est point un merle, quoiqu'il en porte le nom ; c'est un oiseau aquatique, qui fréquente les lacs et les ruisseaux des hautes montagnes, comme le merle fréquente les bois et les vallons ; il lui ressemble aussi par la taille, qui est un peu plus courte, et par la couleur noire de son plumage ; enfin, il porte un plastron blanc, comme certaines espèces de merles ; mais il est aussi silencieux que le vrai merle est jaseur ; il n'a pas ses mouvemens vifs et brusques, il ne prend au

Tome II.   9

cune de ses habitudes , et ne va ni par sauts ,
ni par bonds ; il marche légèrement et d'un
pas compté ; on le rencontre dans le voisinage des torrens et des cascades, et particulièrement sur les eaux limpides, qni cou-
lent sur le gravier.

Ses habitudes naturelles sont très-singu-
lières ; les oiseaux d'eau , qui ont les pieds
palmés , nagent sur l'eau ou se plongent ;
ceux de rivage , montés sur de longues jambes
nues, yentrent assez avant sans que leur corps
y trempe ; le merle d'eau y entre tout entier
en marchant et en suivant la pente du terrain :
il se promène au fond de l'eau comme sur le
rivage sec , en gobant les chevrettes d'eau
douce et autres insectes aquatiques , dont il
fait sa nourriture.

Le merle d'eau construit son nid en mousse,
par terre , près des ruisseaux ; il est voûté et
en forme de four : ses œufs sont au nombre
de quatre. Ce n'est point un oiseau de passage;
il reste tout l'hiver dans nos climats.

LES RALES,

Famille des Palmipèdes pressirostres.

Ces oiseaux forment une assez grande

famille, et leurs habitudes sont différentes de celles des oiseaux de rivage, qui se trouvent sur les sables et les grèves ; les râles n'habitent, au contraire, que les bords fangeux des marais et des rivières, et surtout les terrains couverts de glaïeuls et autres grandes herbes des marais. Cette manière de vivre est habituelle et commune à tous les râles d'eau ; le seul râle de terre habite dans les prairies, et c'est du cri désagréable ou plutôt du râlement de ce dernier oiseau, que s'est formé le nom de râle pour l'espèce entière ; mais tous se ressemblent en ce qu'ils ont le corps grêle et comme aplati par les flancs, la queue très-courte et presque nulle ; la tête petite ; le bec assez semblable à celui des gallinacés, mais plus allongé et moins épais : leur vol est court ; leurs ailes petites et concaves.

Le RALE DE TERRE OU DE GENET, vulgairement le ROI DES CAILLES (pl. 56). Dans les prairies humides, dès que l'herbe est haute et jusqu'au temps de la récolte, il sort des endroits les plus touffus de l'herbage, une voix rauque, ou plutôt un cri bref, aigre et sec, *crëk, crëk, crëk,* assez semblable au bruit que l'on ferait en passant et appuyant fortement les doigts sur les dents d'un gros peigne ; et lorsqu'on avance vers cette voix, elle s'éloigne, et on l'entend venir à cinquante pas plus loin. C'est le cri du râle de terre que l'on prendrait pour le coassement d'un reptile ; cet oiseau fuit rarement au vol, mais presque toujours marchant avec vitesse, **et** passant à travers le plus touffu des herbes. On commence à l'entendre au commencement de mai.

La femelle fait son nid dans l'épaisseur des herbes ; elle pond huit à dix œufs tachetés de marques rougeâtres ; les petits courent dès qu'ils sont éclos en suivant leur mère, et ils ne quittent la prairie que lorsqu'ils sont forcés de fuir devant la faux, qui rase leur domicile. La chair de cet oiseau est très-délicate : il se nourrit également de grains et d'insectes.

Le RALE D'EAU (pl. 56) court, le long des eaux stagnantes, aussi vite que le râle de terre dans les champs ; il se tient de même toujours caché dans les grandes herbes et les joncs. Il n'est pas si gros que le râle de terre, mais il a le bec plus long, et rougeâtre près de la tête ; le ventre et les flancs sont rayés transversalement de bandelettes blanchâtres, sur un fond noirâtre , disposition de couleurs commune à tous les râles ; la gorge, la poitrine , l'estomac sont , dans celui-ci , d'un beau gris ardoisé ; le manteau est d'un roux-brun olivâtre. La chair de cet oiseau est moins estimée que celle du râle de terre.

La MAROUETTE (pl. 56) est un petit râle d'eau qui n'est pas plus gros qu'une alouette ; tout le fond de son plumage est d'un brun olivâtre, tacheté et nué de blanchâtre. Elle paraît dans la même saison que le grand râle d'eau ; elle se tient sur les étangs marécageux ; son nid, en forme de gondole , est composé de joncs , qu'elle sait entrelacer , et , pour ainsi dire , amarrer par un des bouts à une tige de roseau, de manière que le petit bateau ou berceau flottant , peut s'élever et s'abaisser avec l'eau , sans en être emporté. Cet oiseau est sauvage , stupide et solitaire ; sa voix est aigre et perçante.

Le CAURALE (pl. 56) est un oiseau étranger que l'on peut rapporter au genre des râles , mais sa queue est plus longue que celle d'aucun oiseau de cette famille. Son plumage offre un mélange riche et varié de noir , de gris , de fauve, de roux et de blanc, entremêlé en ondes , en ones , en zig-zags. Cet oiseau se trouve à Cayenne, où on l'appelle, le *petit paon des roses.*

LA POULE D'EAU (pl. 57).

Famille des Palmipèdes pressirostres.

La poule d'eau a, de même que les râles, le corps comprimé sur les côtés. Son bec ressemble assez à celui des gallinacés ; son front est dénué de plumes, et recouvert d'une membrane épaisse : ses doigts sont garnis, dans toute leur longueur, d'un bord membraneux, nuance par laquelle se marque le passage des oiseaux *fissipèdes*, dont les doigts sont nus et séparés, aux oiseaux *palmipèdes* qui les ont garnis et joints par une membrane tendue de l'un à l'autre doigt, passage dont on voit l'ébauche dans la plupart des oiseaux de rivage, qui ont ce rudiment de membrane, tantôt entre les trois doigts, tantôt entre deux seulement, l'extérieur et celui du milieu. La poule d'eau vole, ainsi que le râle, les pieds pendans tandis que les autres oiseaux les retirent sous le ventre.

La poule d'eau habite les étangs, les rivières et quelquefois les marécages ; durant la plus grande partie du jour elle se tient cachée dans les roseaux et sous les racines des

Foulque.
Poule Sultane.
Jacana.
Poule d'eau.
Phalarope cendré.
Grèbe cornu.
Castagneux.
Grèbe.
Grèbe foulque.

arbres aquatiques; son nid posé tout au bord de l'eau, est formé par un amas de joncs et de roseaux entrelacés; la mère quitte son nid tous les soirs, et couvre ses œufs auparavant avec des brins de joncs et d'herbes. Elle conduit et cache si bien sa petite famille, qu'il est très-difficile de la lui enlever.

La poule d'eau quitte en octobre les pays froids et les montagnes, et passe tout l'hiver dans nos provinces tempérées. Quoique l'espèce n'en soit pas très-nombreuse, on la trouve dans la plupart des régions connues. Cet oiseau est de la grosseur d'un poulet de six mois; tout son plumage est d'une couleur gris sombre de fer, nué de blanc sous le corps.

LE JACANA OU CHIRURGIEN (pl. 57).

Famille des Palmipèdes pressirostres.

Le jacana a beaucoup de rapport avec la poule d'eau; mais il en diffère par des caractères uniques et singuliers qui le distinguent de tous les autres oiseaux; il porte des éperons sur la tête et des caroncules ou lambeaux de membranes sur le devant de la tête; il a les doigts, et les ongles excessivement grands tous les ongles sont droits, ronds et effilés comme des aiguilles ; c'est apparemment la forme de ces ongles qui lui a fait donner le nom de chirurgien. L'espèce principale de ce genre est le *jacana chavaria* (pl. 57) ; son corps n'est pas plus gros que celui d'une caille ; mais il est porté sur des jambes bien plus longues ; son cou est aussi plus long ; il a le bec bleuâtre, arrondi et obtus ; les caroncules qui garnissent son front, sont rouges, s'étendent jusqu'aux tempes ; sur sa tête est une huppe noire, et ses pattes sont jaunes. Cet oiseau se trouve en Amérique : il habite le bord des fleuves ; sa marche est lente et grave ; son vol est rapide ; il ne peut même courir sans s'aider du vol ; si on le touche sur la partie laaugineuse de son corps, il pette fortement ; cette laine le fait nager avec facilité ; son bec et ses pattes ne peuvent nuire, mais il combat vigoureusement avec les éperons de ses ailes ; il ne peut souffrir les oiseaux de proie ; il les attaque dès qu'il les voit, et principalement le *vautour doré* commun au Brésil. Les Américains qui élèvent beaucoup de gallinacés, ont un seul jacana apprivoisé pour garder les troupeaux : surveillant fidèle, il les conduit aux champs sans les quitter ; il les ramène le soir ; il se laisse toucher par

Anhinga
Labbe.
Bec en Ciseaux.
Noddi.
Flammant.
Avocette.

l'homme adulte, mais il se défend contre les enfans ; sa voix est claire, mais désagréable.

LA POULE SULTANE OU PORPHIRION (pl. 57).

Famille des Palmipède pressirostres , genre des Foulques.

La poule sultane est un oiseau de rivage de la grosseur du coq. Ses doigts sont extraordinairement longs , sans vestiges de membranes ; les pieds sont très-courts ; son front chauve est chargé d'une plaque ovale et d'un beau rouge, qui paraît être un prolongement de la substance cornée du bec : son bec, en forme de cône, aplati par les côtés, est assez court. Le port de cet oiseau est noble ; il plaît par sa belle forme, par son plumage brillant et riche en couleurs , offrant le bleu pourpré et le vert d'aigue marine ; son naturel est paisible et timide ; il s'habitue avec ses compagnons de domesticité , et se choisit entre eux quelque ami de prédilection. Ainsi que le perroquet , il se sert de ses pieds comme d'une main , pour porter les alimens à son bec. Il aime les fruits et les racines : il peut vivre de graines ; mais il préfère à tout, le poisson, son aliment naturel.

Ce bel oiseau appartient à l'Afrique. Les Romains le plaçaient comme un objet de luxe dans les temples et les palais, où on le laissait en liberté.

LA FOULQUE OU MORELLE (pl. 57).

Famille des Palmipèdes pressirostres.

La foulque, sans avoir les pieds entièrement palmés, ne le cède à aucun des autres oiseaux nageurs, et reste même plus constamment dans l'eau qu'aucun d'eux, si on en excepte les plongeons. Il est très-rare de voir la foulque à terre : elle y paraît si dépaysée, que souvent elle se laisse prendre à la main; elle se tient tout le jour sur les étangs, qu'elle préfère aux rivières. C'est un oiseau paresseux et stupide.

Les foulques, comme plusieurs autres oiseaux d'eau, voient très-bien dans l'obscurité, et même les plus vieilles ne cherchent leur nourriture que pendant la nuit ; elles restent cachées dans les joncs pendant la plus grande partie du jour, et lorsqu'on les inquiète dans leur retraite, elles s'y cachent, et s'enfoncent même dans la vase plutôt que de s'envoler : il semble qu'il leur en coûte pour se déterminer au mouvement du vol , si naturel aux autres oiseaux.

La foulque établit son nid dans les endroits noyés et couverts de roseaux , dont elle forme un amas ; elle y pond dix-huit à vingt œufs , presque aussi gros que ceux de la poule.

Cet oiseau reste sur nos étangs la plus grande partie de l'année ; dans certains endroits il ne les quitte pas même en hiver.

La foulque est de la grandeur de la poule domestique ; la tête et le corps ont à-peu-près la même forme ; son plumage est d'un noir plombé ; ses pieds de la même couleur ; ses doigts sont à demi-palmés , et frangés des deux côtés. Sa chair , noire et huileuse , a un goût de marécage.

LES PHALAROPES.

Famille des Palmipèdes pressirostres , genre des Foulques.

Ces petits oiseaux aquatiques ont à-peu-près la taille et la conformation du cincle , avec des pieds semblables à ceux de la foulque. Le *phalarope cendré* (pl. 57) se trouve en Sibérie et en Amérique ; son plumage est gris , ondé de brun et de noirâtre sur le dos : le dessous du corps est blanc. On connaît encore le *phalarope rouge* et le *phalarope à festons.*

LE GRÈBE.

Famille des Palmipèdes brachyptères, genre des Colymbes ou Plongeons.

On reconnaît les grèbes à leur plumage, qui réunit la moelleuse épaisseur du duvet avec le lustre de la soie ; il forme une surface unie, glacée, luisante, et aussi impénétrable au froid de l'air qu'à l'humidité de l'eau. Ce vêtement, à toute épreuve, était nécessaire au grèbe, qui, dans les plus rigoureux hivers, se tient constamment sur les eaux.

Le grèbe commun (pl. 57) est de la grosseur d'une poule d'eau ; ses jambes, placées tout-à-fait en arrière, et presque enfoncées dans le ventre, ne laissent paraître que les pieds en forme de rames ; les doigts sont garnis, des deux côtés, d'une membrane découpée par lobes. Cet oiseau vole très-difficilement à terre, et lorsque par malheur les vagues le portent sur le rivage, il y reste en se débattant, et faisant, des pieds et des ailes, des efforts, presque toujours inutiles, pour s'élever en l'air ou retourner à l'eau. On le prend donc souvent à la main, malgré les violens coups de bec dont il se défend ; mais son agilité dans l'eau est aussi grande que son impuissance sur terre : il nage, plonge, fend l'onde, et court à sa surface en effleurant les vagues avec une surprenante rapidité ; il s'enfonce quelquefois dans la mer à plus de vingt pieds de profondeur, et les pêcheurs le prennent souvent dans leurs filets.

Le grèbe fréquente également la mer et les eaux douces ; il a tout le dessus du corps d'un brun lustré et tout le devant d'un très-beau blanc argenté. Ses ailes sont courtes et peu proportionnées à la grosseur du corps ; aussi l'oiseau s'élève-t-il difficilement ; mais ayant pris le vent il ne laisse pas de fournir un long vol ; sa voix est haute et rude. Ces oiseaux se nourrissent de petits poissons et d'herbes marines ; les grèbes de la mer nichent dans le creux des rochers ; ceux des étangs et des rivières construisent avec des roseaux un nid flottant et amarré à d'autres roseaux.

Le grèbe est commun sur nos mers de Bretagne, de Picardie et dans la Manche ; on en trouve sur les lacs de la Suisse et sur certains étangs de Bourgogne et de Lorraine.

Le GRÈBE CORNU (pl. 57) porte une huppe noire partagée en arrière et divisée comme

en deux cornes ; il a de plus une sorte de crinière ou de chevelure enflée, roussc à la racine, noire à la pointe, coupée en rond autour
du cou, ce qui lui donne une physionomie
toute étrange. Il est un peu plus grand que le
grèbe commun auquel il ressemble par le
plumage. L'espèce en est fort répandue.

Le CASTAGNEUX (pl. 57); c'est le moins
grand de tous les grèbes, et même, à l'exception du petit pétrel dont nous parlerons plus
bas, c'est le plus petit de tous les oiseaux navigateurs. Son plumage est à-peu-près le même
que celui du grèbe commun auquel il ressemble autant par les mœurs que par la conformation.

Le GRÈBE-FOULQUE (pl. 57) appartient à
l'Amérique ; il a de longues ailes et la queue
de la foulque avec les caractères d'un grèbe.
Son manteau est d'un brun olivâtre et le devant
de son corps d'un beau blanc.

LES PLONGEONS.

Famille des Palmipèdes brachyptères.

On a donné le nom de plongeon à une petite
famille d'oiseaux plongeurs qui diffèrent des
autres en ce qu'ils ont le bec droit et pointu, et
les trois doigs antérieur joints ensemble par

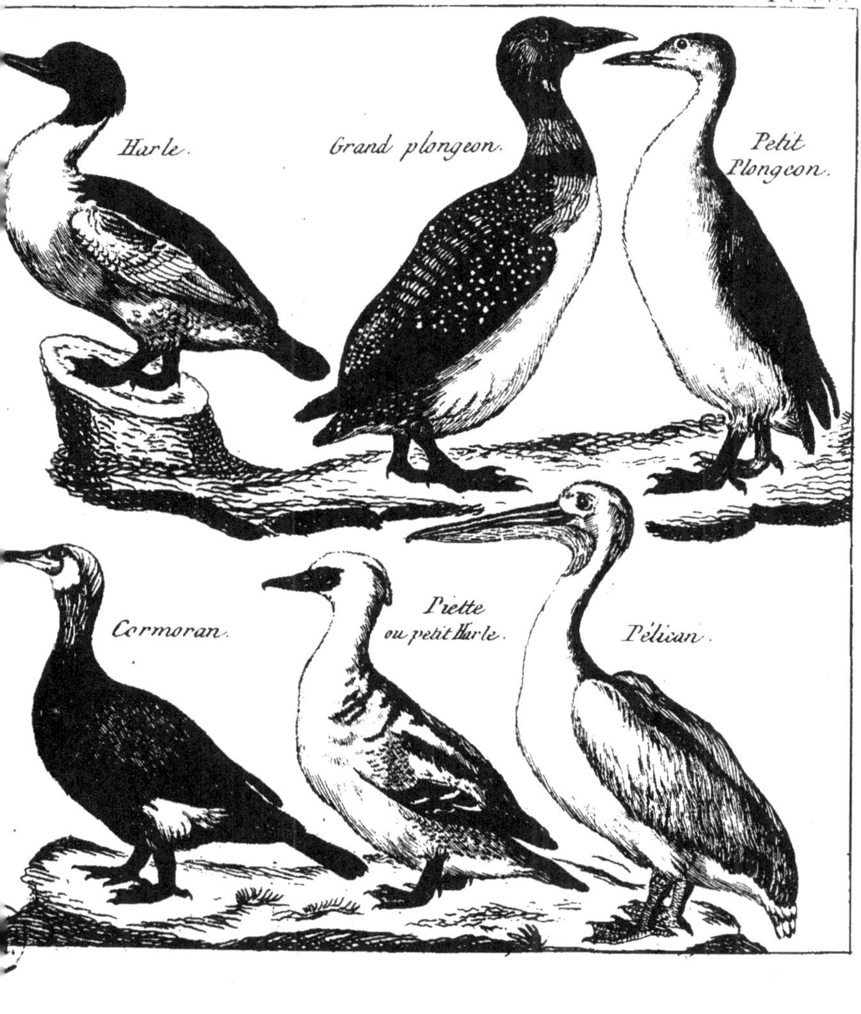

Harle.
Grand plongeon.
Petit Plongeon.
Cormoran.
Piette
ou petit Harle.
Pélican.

une membrane entière; ils ont de plus, ainsi que les grèbes, la queue courte et presque nulle, et les pieds placés tout-à-fait à l'arrière du corps; enfin, la jambe cachée dans l'abdomen, disposition très-propre à l'action de nager, mais très contraire à celle de marcher; en effet, les plongeons, comme les grèbes, sont obligés sur terre de se tenir debout dans une situation presque perpendiculaire, sans pouvoir maintenir l'équilibre dans leurs mouvemens, et sans pouvoir prendre leur essor; au lieu qu'ils se meuvent dans l'eau d'une manière si preste qu'il évitent la balle en plongeant dans l'eau à l'éclair du feu, au même instant que le coup part.

Le GRAND PLONGEON (pl. 58) est presque de la grandeur et de la taille de l'oie, son dos est ondé de gris-blanc sur un fond brun; la poitrine et le dessous du corps sont d'un beau blanc. Ses mœurs sont analogues à celle du grèbe.

Le PETIT PLONGEON (pl. 58); il ressemble beaucoup au grand par les couleurs de son plumage. On le voit, en tout temps, sur nos étangs qu'il ne quitte que lorsque la glace les force à se transporter sur les rivières et les ruisseaux d'eau vive.

Le grand et le petit plongeon se trouvent également sur les eaux douces, dans l'intérieur des terres, et sur les eaux salées, près des côtes de la mer. Le *plongeon marin, l'imbrim* ou *grand plongeon de la mer du nord* et le *lumme* ou *petit plongeon de la mer du nord* habitent les côtes maritimes. On raconte de ce dernier, qu'aussitôt qu'un petit lumme est assez fort pour quitter son nid, le père et la mère le conduisent à l'eau, l'un volant toujours au-dessus de lui pour le défendre de l'oiseau de proie, l'autre au-dessous pour le recevoir sur son dos en cas de chute, et que, si malgré ce secours ; le petit tombe à terre ses parens s'y précipitent avec lui, et plutôt que de l'abandonner, se laissent prendre par les hommes, ou manger par les renards.

LE HARLÈ OU MERGANSER (pl. 58).

Famille des Palmipèdes serrirostres.

Le harle est d'une grosseur intermédiaire entre le canard et l'oie, mais son port, son plumage et son vol raccourci lui donnent plus de rapport avec le canard. Son bec à-peu-près cylindrique diffère de celui du plongeon, en ce que sa pointe est courbée et en ce que ses bords sont garnis en dentelures dirigées en arrière. Sa voracité est extrême; souvent il avale des poissons beaucoup trop gros pour entrer tout entiers dans son estomac ; la tête se loge la première dans l'œsophage et se digère avant que le corps puisse y descendre.

Le harle nage tout le corps submergé, la tête seule hors de l'eau ; il plonge profondément et reste long-temps sous l'eau ; quoiqu'il ait les ailes courtes, son vol est rapide. Il a le devant du corps lavé de jaune pâle ; le dessus du cou avec toute la tête est d'un noir changeant en vert par reflets ; le dos et les ailes variées de noir et de blanc, la queue est grise ; les yeux et une partie du bec sont rouges.

L'espèce du harle est peu nombreuse en Europe. Sa chair est sèche et mauvaise à manger.

La PIETTE ou le petit HARLE HUPPÉ (pl. 58) est un joli petit harle à plumage pie, auquel on a donné quelquefois le nom de religieuse, sans doute à cause de la netteté de sa belle robe blanche, de son manteau noir et de sa tête coiffée en effilés blanc, couchés en mantonnière, que coupe par derrière un petit lambeau de voile d'un violet vert obscur; un demi-collier noir sur le haut du cou achève la parure de cet oiseau , qui est un peu plus grand que la sarcelle. Il est très-connu en Picardie. La femelle n'est pas aussi belle que le mâle et n'a point de huppe.

LE PÉLICAN (pl. 58).

Famille des Palmipèdes pinnipèdes.

Le pélican surpasse le cygne en grandeur ; ce serait le plus grand des oiseaux d'eau, si l'albatros n'était pas plus épais , et si le flamand n'avait pas les jambes beaucoup plus hautes ; le pélican les a au contraire très-basses, tandis que ses ailes sont si longues que l'envergure en est de onze à douze pieds. Il se soutient donc très-aisément et très-long-temps en l'air; il s'y balance avec légèreté et ne change de place que pour tomber aplomb sur le poisson dont il fait sa proie. Il nage avec une extrême facilité ayant les quatre doigts réunis par une membrane ; sa tête est aplatie sur les cotés ; les yeux sont petits et placés dans deux larges joues nues. Le bec a plus d'un pied et demi de longueur ; la mandibule inférieure ne consiste qu'en deux branches flexibles ; ces branches se prêtent à l'extension d'une poche membraneuse qui leur est attachée, et qui pend au-dessous en forme de sac. Cette poche peut contenir plus de vingt pintes de liquide. Il y fait une ample provision d'eau pour ses petits dont le vaste nid est quelquefois éloigné de la mer; il la remplit aussi des poissons qu'il prend, et va ensuite les manger et digérer à l'aise sur quelque pointe de rocher, où il reste en repos et comme assoupi. Les Chinois sont parvenus à le dresser à la pêche; ils lui font dégorger le poisson qu'il a pris et accumulé dans son sac.

Ce gros oiseau paraît susceptible de quelque éducation. On en cite un nourri pendant quarante ans à la cour de Bavière, et qui se plaisait beaucoup en compagnie : il paraissait prendre un plaisir singulier à entendre de la musique. On en cite un autre qui suivait partout l'empereur Maximilien, volant sur l'armée lorsqu'elle était en marche, et s'élevant quelquefois si haut, qu'il ne paraissait plus gros comme une hirondelle, quoiqu'il eût douze à treize pieds d'un bout des ailes à l'autre.

Sans être tout-à-fait étranger à nos contrées, le pélican y est assez rare ; en général, ces oiseaux paraissent appartenir aux climats méridionaux des deux continens. Son plumage est blanc : avec l'âge il prend une belle teinte de couleur rose tendre, et comme transparente, qui semble lui donner le lustre d'un vernis.

Le nid du pélican se trouve communément au bord des eaux ; il le pose à plate terre et y pond quatre ou cinq œufs très-gros.

Du reste, ces oiseau est très-vorace ; il engloutit dans une seule pêche autant de poisson qu'il en faudrait pour le repas de six hommes ; il avale aisément un poisson de sept ou huit livres. Sa chair n'est pas bonne à manger, et a un goût de marécage.

Le pélican est l'un des oiseaux qui vit le plus long-temps en captivité : on porte à quatre-vingts ans la durée de sa vie.

LE CORMORAN (pl. 58).

Famille des Palmipèdes pinnipèdes, genre du Pélican.

Le cormoran est un grand oiseau à plumage noir, à pieds palmés, aussi bon plongeur que nageur, et grand destructeur de poisson ; il est à-peu-près de la taille de l'oie, mais son corps est plus mince et sa queue assez longue ; le devant et les côtés de sa tête sont chauves ; une peau également nue garnit le dessous du bec, qui est droit jusqu'à la pointe, où il se recourbe fortement en un croc aigu.

Le cormoran prend fréquemment son essor et se perche sur les arbres. Il est d'une telle adresse à pêcher et d'une si grande voracité, que quand il se jette sur un étang, il y fait plus de ravages qu'une troupe entière d'autres oiseaux pêcheurs : heureusemeut qu'il se tient presque toujours au bord de la mer. Quoiqu'il soit naturellement lourd et paresseux, il nage avec tant de rapidité, que sa proie ne lui échappe guère, et il revient presque toujours sur l'eau avec un poisson en travers de son bec ; pour l'avaler il fait un singulier manége ; il jette en l'air son poisson, et il a l'adresse de le recevoir la tête la première, de manière que les nageoires se couchent au passage du gosier, tandis que la peau membraneuse qui garnit le dessous du bec, prête et s'étend autant qu'il est nécessaire pour laisser passer le corps du poisson.

Dans quelques pays, comme à la Chine et autrefois en Angleterre, on a su mettre à profit le talent du cormoran pour la pêche, en lui bouclant d'un anneau le bas du cou, pour l'empêcher d'avaler sa proie, et en l'accoutumant à revenir à son maître, en rapportant le poisson qu'il porte dans le bec. On voit, sur les rivières de la Chine, des cormorans ainsi bouclés, s'élancer et plonger au signal qu'on leur donne, et revenir bientôt en rapportant une proie. Cet exercice se continue jusqu'à ce que le maître, content de la pêche de son oiseau, lui délie le cou, et lui permette d'aller pêcher pour son propre compte.

Cet oiseau est si généralement répandu, qu'on en trouve sur toutes les mers. Sa chair est mauvaise.

Le *petit cormoran* ou *nigaud*, est encore plus stupide et plus lourd que le grand. Il est très-répandu : on le trouve surtout dans les îles et les continens austraux, dans ces terres inhabitées, où la nature semble engourdie par le froid.

LES HIRONDELLES DE MER OU STERNES.

Famille des Palmipèdes pinnipèdes.

Ces oiseaux pêcheurs ressemblent à nos hirondelles par leurs longues ailes, par leur queue fourchue. Dans leur vol rapide à la surface des eaux, ils enlèvent les petits poissons, de même que les hirondelles prennent les insectes en rasant la terre. Leurs pieds sont à demi-palmés, cependant ils nagent peu;

Pl. 39.
Fou 
Oiseau du Tropique
Grande Hirondelle de mer
Frégate.
Mouette rieuse.
Fou du Bassan.
Goéland varié.
Goéland à manteau gris.
Goéland à manteau noir.

ils résident ordinairement sur les rivages de la mer, sur les rives des lacs et des grandes rivières. Ils arrivent par troupes sur nos côtes de l'océan au commencement de mai. Le bruit des armes à feu ne les effraie pas; ce signal de danger, loin de les écarter, semble les attirer; car à l'instant où le chasseur en abbat une dans la troupe, les autres se précipitent en foule autour de leur compagne blessée, et tombent avec elle jusqu'à fleur d'eau.

Le PIERRE-GARIN ou la GRANDE HIRONDELLE DE MER DE NOS CÔTES (pl. 59) , a près de treize pouces de longueur et environ deux pieds d'envergure; sa taille fine et mince, le joli gris de son manteau, le beau blanc de tout le devant du corps, avec une calotte noire sur la tête, et le bec et les pieds rouges, en font un bel oiseau.

L'OISEAU DES TROPIQUES , LE PHAÉTON , OU LE PAILLE-EN-QUEUE (pl. 59).

Famille des Palmipèdes pinnipèdes, genre des Phaétons.

Nous avons vu des oiseaux se porter du nord au midi, et parcourir, d'un vol libre,

tous les climats de la terre et des mers ; nous
en verrons d'autres confinés aux régions
polaires, comme les derniers enfans de la
nature mourante sous cette sphère de glace ;
celui-ci semble, au contraire, être attaché au
soleil sous la zone brûlante qui borne les tropiques. Volant sans cesse sous ce ciel enflammé,
sans s'écarter des deux limites de la route du
grand astre, il annonce aux navigateurs leur
prochain passage sous ces lignes célestes.
Quoique son apparition soit regardée comme
un indice de la proximité de quelque terre,
il est certain qu'il s'en éloigne quelquefois à
des distances prodigieuses, et qu'il se porte
ordinairement au large à plusieurs centaines
de lieues.

Indépendamment d'un vol puissant et très-
rapide, cet oiseau a, pour fournir ces longues traites, la faculté de se reposer sur l'eau,
et d'y trouver un point d'appui au moyen de
ses larges pieds entièrement palmés. Sa grosseur est à-peu-près celle d'un pigeon ; le beau
blanc de son plumage suffirait pour le faire
remarquer, mais son caractère le plus frappant est un double brin, long de près de
deux pieds, et qui ressemble à une paille
implantée dans la queue ; ce brin est formé

par le prolongement des deux pennes du milieu de la queue. A l'époque de la mue, l'oiseau des tropiques perd cet ornement, et les
insulaires d'Otaïti et des autres îles voisines,
ramassent alors ces longues plumes dans leurs
bois, où ces oiseaux viennent se reposer; ils
en forment des touffes et des panaches pour
leurs guerriers. Les Caraïbes de l'Amérique
se passent ces longs brins dans la cloison du
nez, pour se rendre plus beaux et plus ter-
ribles.

On voit quelquefois ces oiseaux, fatigués
ou déroutés par la tempête, venir se reposer
sur le mât des vaisseaux, et se laisser prendre
à la main. Le voyageur Leguat parle d'une
plaisante guerre entre eux et les matelots de
son équipage : « Ils nous surprenaient par
derrière, dit-il, et nous enlevaient nos bonnets de dessus la tête, et cela était si fréquent
et si importun, que nous étions obligés d'avoir
toujours des bâtons pour nous défendre d'eux. »

LES FOUS.

*Famille des Palmipèdes pinnipèdes, genre
des Pélicans.*

La stupidité de ces oiseaux, leur a mérité

le nom qu'ils portent ; répandus d'un bout du monde à l'autre, nulle part ils n'ont appris à connaître leur plus dangereux ennemi ; l'aspect de l'homme ne les effraie ni ne les intimide ; ils se laissent prendre, non-seulement sur les vergues des navires en mer, mais à terre on les tue à coups de bâton, et en grand nombre, sans que la troupe stupide sache fuir ni prendre son essor, ni même se détourner des chasseurs, qui les assomment l'un après l'autre et jusqu'au dernier. Cette inertie est due en partie à la difficulté que ces oiseaux ont de mettre en mouvement leurs trop longues ailes.

Lorsqu'ils échappent à la main de l'homme, leur manque de courage les livre à un autre ennemi ; cet ennemi est l'oiseau appelé la frégate ; elle fond sur les fous dès qu'elle les aperçoit, les poursuit sans relâche, et les force, à grands coups d'ailes et de bec, à lui livrer leur proie, qu'elle saisit et avale à l'instant.

Le fou pêche en planant, les ailes presque immobiles, et tombant sur le poisson à l'instant qu'il paraît près de la surface de l'eau. Il s'éloigne moins au large que l'oiseau des tropiques : aussi leur rencontre en mer annonce assez sûrement aux navigateurs le voisinage de quelque terre.

C'est avec le cormoran que les fous ont le plus de rapport pour la figure et l'organisation.

Le FOU COMMUN (pl. 59) habite les Antilles ; sa taille est moyenne entre celle du canard et de l'oie ; son ventre est blanc et tout le reste du plumage d'un cendré brun. Il pond tous les mois deux ou trois œufs et quelquefois un seul, sur la roche toute nue.

Le FOU DE BASSAN (pl. 59) est de la grosseur d'une oie ; il est tout blanc, à l'exception des grandes pennes de l'aile , qui sont brunes ou noirâtres, et du derrière de la tête qui est jaunâtre. L'île, ou plutôt le rocher de Bass ou Bassan , dans le golfe d'Edimbourg , est le rendez-vous général de ces oiseaux.

LA FRÉGATE (pl. 59).

Famille des Palmipèdes pinnipèdes, genre des Pélicans.

De tous les oiseaux aquatiques , la frégate est celui dont le vol est le plus fier, le plus puissant et le plus étendu ; balancé sur des ailes d'une prodigieuse longueur, se soutenant sans mouvement sensible, cet oiseau semble nager paisiblement dans l'air tranquille, pour attendre l'instant de fondre sur sa proie avec la rapidité d'un trait ; et lorsque les airs sont agités par la tempête, légère comme le vent, la frégate s'élève jusqu'aux nues, et va chercher le calme en s'élançant au-dessus des orages. Quelquefois elle se porte au large à plusieurs centaines de lieues, et fournit tout d'un vol ces traites immenses, auxquelles la durée du jour ne suffisant pas, elle continue sa route dans les ténèbres de la nuit, et ne s'arrête sur la mer que dans les lieux qui lui fournissent une nourriture abondante ; alors elle fond du haut des airs, et fléchissant son vol de manière à raser l'eau sans la toucher, elle enlève en passant le poisson qu'elle saisit avec le bec et les griffes.

Ce n'est qu'entre les Tropiques, ou un peu au-delà qu'on rencontre la frégate dans les mers des deux mondes. Elle exerce sur les oiseaux de la zone torride une espèce d'empire ; elle en force plusieurs, particulièrement les fous, à lui servir comme de pourvoyeurs ; les frappant d'un coup d'aile et les pinçant de son bec crochu, elle leur fait dégorger le poisson qu'ils avaient avalé, et s'ensaisit avant qu'il ne soit tombé. Son audace la porte à braver l'homme même. « En débarquant à l'île de l'Ascension, dit M. de Querhoënt, nous fûmes entourés d'une nuée de frégates ; d'un coup de canne j'en terrassai une qui voulait me prendre un poisson que je tenais à la main, en même temps plusieurs autres volaient au-dessus de la chaudière qui bouillait à terre pour en enlever la viande quoiqu'une partie de l'équipage fût à l'entour ».

La frégate n'a pas le corps plus gros qu'une poule ; mais ses ailes étendues ont huit, dix, et jusqu'à quatorze pieds d'envergure. Cette longueur excessive embarrasse l'oiseau guerrier comme l'oiseau poltron et empêche la frégate comme le fou, de reprendre son vol ; lorsqu'elle est posée, il lui faut la pointe d'un rocher ou la cime d'un arbre encore n'est-ce que par un effort qu'elle s'élève en partant. Son plumage est noir et son bec rouge ou noirâtre. Elle place son nid sur un arbre dans un lieu solitaire et voisin de la mer ; ses œufs sont d'un blanc rougeâtre ponctués de rouge ; les petits en naissant sont couverts d'un duvet blanc.

LES GOÉLANDS ET LES MOUETTES.

Famille des Palmipèdes pinnipèdes, genre des Mouettes.

On a appliqué le nom de goéland aux espèces les plus grandes de ce genre, et celui de mouettes sert à désigner les plus petites.

Tous ces oiseaux, goélands et mouettes, sont également voraces et criards; on peut dire que ce sont les vautours de la mer; il la nettoyent de cadavres de toute espèce qui flottent à la surface, ou qui sont rejetés sur les rivages : aussi lâches que gourmands, ils n'attaquent que les animaux faibles, et ne s'acharnent que sur les corps morts. Leur port ignoble, leurs cris importuns, leur bec tranchant et crochu présentent les images désagréables d'oiseaux sanguinaires et bassement cruels; aussi les voit-on se battre avec acharnement entr'eux pour la curée, et même lorsqu'ils sont renfermés et que la captivité aigrit encore leur humeur féroce, ils se blessent sans motif apparent, et le premier dont le sang coule devient la victime des autres; car alors leur fureur s'accroît, et ils mettent en pièce le malheureux qu'ils avaient blessé sans raison. Cet excès de cruauté ne se manifeste guère que dans les grandes espèces; mais toutes, grandes et petites, étant en liberté, s'épient, se guettent sans cesse pour se piller, se dérober réciproquement la nourriture ou la proie ; ils avalent l'amorce et l'hameçon ; ils se précipitent avec tant de violence qu'ils s'enferrent eux-mêmes sur une pointe que le pêcheur place sous le poisson qu'il leur offre en appât.

Le goéland et les mouettes ont également le bec tranchant, allongé, aplati par les cotés, avec la pointe renforcée et recourbée en croc; leurs doigts sont palmés ; leur tête est grosse ; ils la portent mal et presque entre les épaules ; ils courent assez vite sur les rivages et volent encore mieux sur les flots. Leur plumage est, en général d'un beau blanc sous le corps et noir ou gris bleuâtre sur le corps.

Ils se tiennent en troupe sur les rivages de la mer. En général, il n'est pas d'oiseau plus commun sur les côtes et l'on en rencontre en mer jusqu'à cent lieues de distance. Les navigateurs les ont trouvés partout; les plus grandes espèces paraissent attachées aux côtes de la mer du nord. On raconte que les goélands bruns des îles de Féroë sont si forts et si voraces, qu'ils mettent souvent en pièces des agneaux dont ils emportent des lambeaux dans leur nid. Le *goéland noir* (pl. 59) a près de deux pieds et demi de longueur ; son corps est roux et son dos est noir ; les Groënlandais aiment sa chair coriace et huileuse, et de sa peau ils font des vêtemens. Le *goéland gris* (pl. 59), un peu moins grand, fait une guerre continuelle aux mouettes qu'il dépossède de leur proie. Le *goéland varié* (pl. 59) a un plumage ondé et moucheté d'un gris sale, qui devient blanchâtre à mesure que l'oiseau vieillit. Lorsqu'une baleine est morte et que son cadavre surnage, ces oiseaux se jetent dessus par milliers et enlèvent de tous côtés des lambeaux ; les pêcheurs peuvent à peine leur faire lâcher prise, à coups de gaules et d'aviron, à moins de les assommer.

La *mouette rieuse* (pl. 59), est un peu plus grande qne le pigeon ; son cri a quelque ressemblance avec un éclat de rire ; sa tête est couverte d'une calotte noire. — La *mouette parasite* appelée aussi *labbe* ou *stercoraire*(pl. 60), a deux rectrices beaucoup plus longues que les autres. Cet oiseau stupide, incapable de pêcher, ramasse ce que les oiseaux pêcheurs laissent tomber, ou ce que leur estomac rejette.

L'ANHINGA (pl. 5o).

Famille des Palmipèdes pinnipèdes.

L'anhinga nous offre l'image d'un reptile enté sur le corps d'un oiseau ; son cou long et grêle à l'excès, sa petite tête cylindrique roulée en fuseau, de même venue avec le cou et effilée en un long bec aigu, ressemble à la figure d'une couleuvre et en a même les mouvemens, surtout lorsque repliant son cou il le lance dans l'eau pour darder les poissons. Le corps de l'anhinga n'a guère que sept pouces de long; le cou seul en a le double; son bec court a sa pointe barbelée ; ses yeux sont entourés d'une peau nue; ses doigts palmés ; il nage et même se plonge tenant la tête seule hors de l'eau; son plumage est noirâtre. Il est très-farouche. On le trouve en Afrique et en Amérique.

LE BEC-EN-CISEAUX OU RHINCOPS (pl. 6o).

Famille des Palmipèdes pinnipèdes.

Le bec de cet oiseau est composé de deux pièces très-inégales ; la mandibule supérieure est beaucoup plus courte que l'inférieure : elle est tronquée à son extrémité, taillée en lame, et

retombe sur l'autre mandibule qui est creusée
en gouttière, comme un rasoir sur son manche.
Pour atteindre et saisir avec cet instrument
disproportionné , et pour se servir d'un organe
aussi défectueux , l'oiseau est réduit à raser en
volant la surface de la mer et à la sillonner
avec la partie inférieure du bec plongé dans
l'eau, afin d'attrapper en-dessous le poisson et
de l'enlever en passant.

Le bec en ciseaux est à-peu-près de la taille
du pigeon ; il a tout le dessous de corps, le
devant du cou , et le front blancs ; tout le reste
du plumage est noir et d'un brun noirâtre.
L'espèce de cet oiseau est particulière aux
mers de l'Amérique.

LE NODDI (pl. 60).

Famille des Palmipèdes pinnipèdes, genre
des Hirondelles de mer.

Le noddi a les pieds de la mouette et le
bec conformé comme celui des hirondelles de
mer ; tout son plumage est d'un brun-noir,
à l'exception d'une plaque blanche au sommet
de la tête ; sa taille est à-peu-près celle de la
grande hirondelle de mer.

Le nom anglais de noddi ou noddy qui a

été imposé à cet oiseau, signifie sot, étourdi, et il exprime bien l'assurance folle avec laquelle il vient se poser sur les mats et sur les vergues des navires et même sur la main que les matelots lui tendent.

L'espèce de noddy habite les contrées situées sous les Tropiques; elle y est fort nombreuse.

L'AVOCETTE (pl. 60).

Famille des Échassiers longirostres.

Les oiseaux à pieds palmés ont presque tous les jambes courtes, l'avocette les a très-longues; et cette disproportion, qui suffirait seule pour distinguer cet oiseau des autres palmipèdes, est accompagné d'un caractère encore plus frappant par sa singularité; c'est le renversement du bec : sa courbure tournée par en haut présente un arc de cercle ; ce bec est d'une substance tendre et membraneuse ; l'avocette s'en sert pour recueillir sur l'écume des flots le frai des poissons, qui paraît faire le fond de sa nourriture.

Ces oiseau qui est un peu plus gros que le vanneau, a les jambes de sept à huit pouces de hauteur, le cou long et la tête arrondie, son plumage est d'un blanc de neige sur tout le devant du corps et coupé de noir sur le dos. La queue est blanche, le bec noir, et les pieds bleus.

L'avocette est vive alerte et inconstante elle séjourne peu dans les mêmes lieux. On la voit en avril et en novembre sur nos côtes de Picardie; elle est assez commune sur celle du Bas-Poitou.

LE PHÉNICOPTÈRE OU FLAMMANT (pl. 60).

Famille des Échassiers brévirostres.

Le mot grec phénicoptère qui signifie oiseau de flamme, peint bien la couleur de feu qui orne les ailes de ce bel oiseau. Cette couleur s'étend et se nuance par degrés de l'aile au dos, au croupion et sur la poitrine; elle devient plus foncée à mesure que l'oiseau vieillit.

Le phénicoptère est à-peu-près de la grosseur de l'oie; mais il a le col et les pieds beaucoup plus longs; ses doigts sont à demi-palmés. Il vit de poissons et d'insectes aquatiques qu'il saisit en plongeant dans l'eau. Ils nichent sur les plages noyées, sur les îles basses; son nid est un petit amas de fange et de terre glaise en pyramide au milieu de l'eau qui baigne sa base ; l'oiseau dépose ses œufs sur le sommet tronqué et creux de cette pyramide, et il les couve, en reposant sur ce petit monticule, les jambes pendantes comme un homme assis sur un tabouret. Cette singulière situation est nécessitée par la longueur de ses jambes qu'il ne pourrait jamais ranger sous lui s'il était accroupi.

Ces oiseaux sont toujours en troupe, et pour pêcher ils se rangent en ligne comme des soldats ; ils conservent l'alignement ; lorsqu'ils se reposent sur la plage, ils établissent des sentinelles et font alors une espèce de garde ; et quand ils pêchent, la tête plongée dans l'eau, un d'eux est en vedette la tête haute ; si quelque chose l'alarme il jette un cri bruyant assez semblable au son d'une trompette ; à ce signal, toute la troupe s'éloigne.

Le phénicoptère se trouve en Afrique, en Amérique et dans les pays les plus chauds de l'Europe. Il peut s'apprivoiser. Sa chair est très-délicate.

LE CYGNE (pl. 61).

*Famille des Palmipèdes serrirostres, genre
des Canards.*

Dans toute société , soit des animaux, soit
des hommes , la violence fait les tyrans, la
douce autorité fait les rois. Le lion et le tigre
sur la terre , l'aigle et le vautour dans les airs,
ne règnent que par la guerre , ne dominent
que par l'abus de la force et de la cruauté, au
lieu que le cygne règne sur les eaux à tous les
titres qui fondent un empire de paix,
la grandeur , la majesté, la douceur ; avec
des puissances, des forces et du courage,
et la volonté de n'en pas abuser et de ne les
employer que pour la défense , il sait combattre et vaincre sans jamais attaquer : roi
paisible des oiseaux d'eau, il brave les tyrans
de l'air ; il attend l'aigle sans le provoquer et
sans le craindre, il repousse ses assauts en op-
posant à ses armes la résistance de ses plumes
et les coups précipités d'une aile vigoureuse,
qui lui sert d'égide ; et souvent la victoire couronne ses efforts. Au reste, il n'a que ce fier
ennemi ; les autres oiseaux de guerre le res-
pectent , et il est en paix avec toute la nature ;
il vit en ami plutôt qu'en roi au milieu des

Oie d'Egypte.
Oie de Guinée.
Oie.
Cigne.
Eider.
Bernache.
Cravant.
Oie à Cravatte.

nou
qui
n'é[illegible]
r [illegible]
[illegible]
q[illegible]
c[illegible]

c[illegible]

[illegible]

b[illegible]
ri[illegible]
le[illegible]
éi[illegible]
[illegible]

l[illegible]
a[illegible]

l[illegible]

nombreuses peuplades des oiseaux aquatiques, qui toutes semblent se ranger sous sa loi ; il n'est que le chef, le premier habitant d'une république tranquille, où les citoyens n'ont rien à craindre d'un maître, qui ne demande qu'autant qu'il leur accorde, et ne veut que calme et liberté.

Aux avantages de la nature, le cygne réunit ceux de la liberté ; il n'est pas du nombre de ces esclaves que nous puissions contraindre ou renfermer ; libre sur nos eaux, il n'y séjourne, ne s'y établit qu'en y jouissant d'assez d'indépendance pour exclure tout sentiment de servitude et de captivité ; il veut, à son gré, parcourir les eaux, débarquer au rivage, s'éloigner au large, ou venir, en longeant la rive, s'abriter sous les bords, se cacher dans les joncs, s'enfoncer dans les anses les plus écartées, puis, quittant sa solitude, revenir à la société, et jouir du plaisir qu'il paraît prendre et goûter en s'approchant de l'homme, pourvu qu'il trouve en nous ses hôtes et ses amis, et non ses maîtres et ses tyrans.

Le cygne nage si vite, qu'un homme, marchant rapidement, a grand peine à le suivre : il a le vol très-haut et très-puissant ; supérieur en tout à l'oie, qui ne vit guère que d'herbages et de grain, le cygne sait se procurer une nourriture plus délicate et moins commune; il ruse sans cesse pour attraper et saisir le poisson; il prend mille attitudes pour le succès de sa pêche, et tire tout l'avantage possible de son adresse et de sa grande force. Il sait éviter ses ennemis ou leur résister; un vieux cygne ne craint pas, dans l'eau, le chien le plus fort; son coup d'aile pourrait casser la jambe d'un homme, tant il est prompt et violent; enfin, il paraît que le cygne ne redoute aucune embûche, aucun ennemi, parce qu'il a autant de courage que d'adresse et de force.

Les cygnes sauvages volent en grandes troupes, et de même les cygnes domestiques marchent et nagent attroupés; leur instinct social est en tout fortement marqué. Le cygne a, de plus, l'avantage de jouir jusqu'à un âge extrêmement avancé, de sa belle et douce existence : quelques observateurs portent la durée de sa vie à trois cents ans, ce qui est, sans doute, fort exagéré.

La femelle du cygne couve pendant six semaines au moins ; elle commence à pondre au mois de février. Ses œufs, au nombre de six ou sept, sont blancs et très-gros ; le nid est placé tantôt sur un lit d'herbes sèches au rivage, tantôt sur un tas de roseaux abattus, entassés et même flottans sur l'eau. Lorsque les petits sont éclos, la mère les recueille nuit et jour sous ses ailes, et le père se présente avec intrépidité pour les défendre contre tout assaillant; son courage, dans ces momens, n'est comparable qu'à la fureur avec laquelle il combat un rival qui vient le troubler dans la possession de sa bien-aimée ; dans ces deux circonstances, oubliant sa douceur, il devient féroce, et se bat avec acharnement ; souvent un jour entier ne suffit pas pour vider leur duel opiniâtre ; le combat commence à grands coups d'ailes, et finit ordinairement par la mort d'un des deux, car ils cherchent réciproquement à s'étouffer, en se serrant le cou, et se tenant, par force, la tête plongée dans l'eau.

Les petits naissent fort laids et seulement couverts d'un duvet gris et jaunâtre comme les oisons ; ce n'est qu'à dix-huit mois et même à deux ans d'âge, que ces oiseaux ont pris leur belle robe d'un blanc pur et sans tache. Les jeunes cygnes suivent leur mère pendant le premier été ; mais au mois de novembre les mâles adultes les chassent, et ces jeunes oiseaux

exilés de leur famille se réunissent en troupe
et forment de nouvelles familles.

Le nord semble être la vraie patrie du cygne et son domicile de choix, puisque c'est
dans les contrées méridionales qu'il niche
et multiplie ; c'est dans l'hiver qu'il paraît
sur les côtes de France et d'Angleterre.
On le trouve en Laponie, en Sibérie, au
Kamtchatka et jusqu'en Amérique. La chair
du cygne est noire et dure ; et c'est moins
comme un bon mets que comme un plat de
parade qu'il était servi dans les festins chez
les anciens.

La voix habituelle du cygne est plutôt
sourde qu'éclatante, parfaitement semblable
à ce que le peuple appele le *jurement du
chat*. Le cygne sauvage a un cri plus sonore.

L'OIE (pl. 61).

*Famille des Palmipèdes serrirostres, genre
des Canards.*

Dans chaque genre les espèces premières
ont emporté tous nos éloges, et n'ont laissé
aux espèces secondes que le mépris tiré de
leur comparaison. L'oie par rapport au cygne,
est dans le même cas que l'âne vis-à-vis du

cheval : tous deux nesont pas prisés à leur juste
valeur ; le premier degré de l'infériorité paraissant être une vraie dégradation , et rap-
pelant en même temps l'idée d'un modèle
plus parfait, n'offre, au lieu des attributs réels
de l'espèce secondaire , que ses contrastes
désavantageux avec l'espèce première. Eloi-
gnant donc pour un moment la trop noble
image du cygne , nous trouverons que l'oie est
encore , dans le peuple de la basse-cour un
habitant de distinction. Sa corpulence , son
port droit , sa démarche grave, son plumage
net et lustré , son naturel social qui le rend
susceptible d'un fort attachement et d'une longue reconnaissance , enfin sa vigilance anciennement célébrée, tout concourt à le faire re-
garder comme l'un des plus intéressans, et l'un
des plus utiles de nos oiseaux domestiques; car ,
indépendamment de la bonne qualité de sa
chair et de sa graisse, dont aucun autre oiseau
n'est plus abondamment pourvu, l'oie nous
fournit cette plume délicate sur laquelle la mol-
lesse se plaît à reposer , et cette autre plume,
instrument de nos pensées, avec laquelle
nous écrivons ici son éloge.

L'oie se plie facilement à l'état de domesticité ; elle s'accommode à la vie commune

des volailles, et souffre d'être renfermée avec elles dans la même basse-cour. Quoiqu'elle puisse se nourrir de gramens et de la plupar des herbes, elle recherche de préférence le trefle, la vesce, les chicorées et surtout la laitue.

La domesticité de l'oie est moins complette et moins ancienne que celle de la poule ; celle-ci pond en tout temps, plus en été, moins en hiver ; mais les oies ne produisent rien en. hiver, et ce n'est communément qu'au mois de mars qu'elles commencent à pondre ; aucune ne fait de nid dans nos basse-cours, l'oie ne pond ordinairement que tous les deux jours, mais toujours dans le même lieu ; si on enlève ses œufs, elle fait une seconde et même une troisième ponte ; mais si l'on continue à enlever les œufs, l'oie s'efforce de continuer à pondre, enfin elle s'épuise et périt.

L'oie couve avec tant d'assiduité qu'elle en oublie le boire et le manger, si on ne place tout auprès du nid sa nourriture. Il faut trente jours d'incubation pour faire éclore ses œufs.

L'oie domestique est beaucoup plus grosse que la sauvage ; elle a les proportions plus étendues et plus souples, les ailes moins fortes

et moins roides ; tout a changé de couleur
dans son plumage ; elle ne conserve rien ou
presque rien de son état primitif ; elle paraît
avoir oublié les douceurs de son ancienne liberté ; du moins elle ne cherche point, comme
le canard, à la recouvrer ; la servitude paraît
trop l'avoir affoiblie ; elle n'a plus la force
de soutenir son vol pour pouvoir accompagner, ou suivre ses frères sauvages, qui
fiers de leur puissance semblent la dédaigner
et même la méconnaître.

Quoique la marche de l'oie paraisse lente,
oblique et pesante, on ne laisse pas d'en conduire des troupeaux fort loin et à petites jour-
nées. Pline dit que de son temps on les ame-
nait du fond des Gaules à Rome, et que dans
les longues marches, les plus fatiguées se met-
toient au premier rang comme pour être sou-
tenues et poussées par la marche de la troupe ;
rassemblées encore de plus près pour passer
la nuit, le bruit le plus léger les éveille, et
toutes ensemble crient ; elles jettent aussi de
grands cris lorsqu'on leur présente de la nourriture, au lieu qu'on rend le chien muet en lui
offrant cet appât ; tout le monde sait qu'au Ca-
pitole elles avertirent les Romains de l'assaut
que tentaient les Gaulois, et que ce fut le salut

Rome; aussi le censeur fixait-il chaque année de
une somme pour l'entretien des oies, tandis
que dans le même jour, on fouettait les chiens
dans une place publique comme pour les pu-
nir de leur coupable silence dans un temps
aussi critique.

Le cri naturel de l'oie est une voix très-
bruyante ; c'est un son de trompette ou de
clairon, qu'elle fait entendre très-fréquem-
ment et de très-loin ; mais elle a d'autres accens brefs qu'elle répète souvent ; et lorsqu'on
l'attaque ou l'effraie, le cou tendu, le bec
béant, elle rend un siflement que l'on peut
comparer à celui de la couleuvre.

L'oie est susceptible d'éducation ; on reconnaît en elle des marques de sentimens, et
des signes d'intelligence ; le courage avec lequel elle défend sa couvée et se défend elle-
même contre l'oiseau de proie, et certains traits
d'attachement et de reconnaissance, démon-
trent que le mépris qu'on a pour elle est très-
mal fondé (1).

---

(1) Nous pouvons citer, à ce sujet, un exemple de la plus grande constance d'attachement,
que nous rapporterons dans le style naïf du con-
cierge du château de Ris, où s'est passée la

Parmi les diverses espèces d'oies, on distingue l'*oie de Guinée* (pl. 61) dont le plumage est gris-brun sur le dos, et gris-blanc sur le devant du corps ; sa taille est haute ; son port est noble.—*L'oie d'Égypte;* son plumage est richement émaillé ; une large tache d'un roux vif se remarque sur la poitrine. —l'*oie à cravatte*, remarquable par sa cravatte blanche ; son cou et sa tête sont noirs ; le reste de son plumage est d'un brun obscur ; elle vient de l'Amérique septentrionale.

Parmi les espèces voisines du genre de l'oie, on distingue : le CRAVANT (pl. 61); il est moins grand que l'oie ; son plumage est d'un gris brun ou noirâtre. — La BERNACHE (pl. 61) ressemble au cravant, mais son plumage est agréablement coupé par grandes pièces de blanc et de noir. —L'EIDER (pl. 61); il est à-peu-près de la grosseur de l'oie, son dos est blanc et son ventre noir. La femelle pond cinq œufs d'un vert brillant qu'elle dépose, dit-on, entre les plumes qu'elle s'arrache

---

scène de cette amitié si constante et si fidèle.

« Il y avait, dit-il, dans la basse-cour, deux mâles ou jars, un gris et l'autre blanc, avec trois femelles ; c'était toujours querelle entre ces

de la poitrine. Ces plumes sont ce duvet si précieux connu sous le nom d'édredon. La

---

deux jars, à qui aurait la compagnie de ces trois dames ; quand l'un ou l'autre s'en était emparé, il se mettait à leur tête, et empêchait que l'autre n'en approchât. Celui qui s'en était rendu maître dans la nuit, ne voulait pas les céder le matin ; enfin, les deux galans en vinrent à des combats si furieux, qu'il fallait y courir : un jour entr'autres, attiré du fond du jardin par leurs cris, je les trouvai leurs cous entrelacés, se donnant des coups d'ailes, avec une rapidité et une force étonnante ; les trois femelles tournaient autour comme voulant les séparer, mais inutilement ; enfin le jars blanc eut le dessous, se trouva renversé, et très-maltraité par l'autre ; je les séparai, heureusement pour le blanc, qui y aurait perdu la vie. Alors le gris se mit à crier, à chanter et à battre les ailes, en courant rejoindre ses compagnes, en leur faisant, à chacune tour-à-tour, un ramage qui ne finissait pas, et auquel répondaient les trois dames, qui vinrent se ranger autour de lui. Pendant ce temps là, le pauvre Jacquot (c'était le nom du jars blanc) faisait pitié, et se retirant tristement, jetait de loin des cris lamentables ; il fut plusieurs jours à se rétablir, durant lesquels j'eus occasion de passer par les cours où il se tenait ; je le

bernache, le cravant et l'eider habitent les
contrées du nord.

---

voyais toujours exilé de la société, et à chaque
fois il venait me faire des harangues, sans doute
pour me remercier du secours que je lui avais
donné dans sa grande affaire. Un jour il s'ap-
procha si près de moi, me marquant tant d'a-
mitié, que je ne pus m'empêcher de le caresser,
en lui passant la main le long du cou et du dos,
à quoi il me parut si sensible, qu'il me suivit
jusqu'à l'issue des cours ; le lendemain je repas-
sai, et il ne manqua pas de courir à moi ; je lui
fis la même caresse, dont il ne se rassasiait pas,
et cependant, par ses façons, il avait l'air de
vouloir me conduire du côté de ses chères amies ;
je l'y conduisis en effet ; en arrivant, il com-
mença sa harangue, et l'adressa directement aux
trois dames, qui ne manquèrent pas d'y répondre ; aussitôt, le conquérant gris sauta sur Jacquot ; je le laissai faire pour un moment, il était
toujours le plus fort ; enfin je pris le parti de
mon Jacquot, qui était dessous ; je le mis dessus,
il revint dessous ; de manière qu'ils se battirent
onze minutes, et par le secours que je lui por-
tai, il devint vainqueur du gris, et s'empara des
trois demoiselles. Quand l'ami Jacquot se vit le
maître, il n'osait plus quitter ses demoiselles, et
par conséquent, il ne venait plus à moi ; quand

LE CANARD.

Famille des palmipèdes serrirostres.

L'espèce du canard est, ainsi que celle de l'oie, partagée en deux grandes tribus ou races

---

je passais, il me donnait seulement de loin, beaucoup de marques d'amitié, en criant et battant des ailes, mais ne quittait pas sa proie, de peur que l'autre ne s'en emparât : Le temps se passa ainsi, jusqu'à la couvaison ; mais quand ses femmes se mirent à couver, il les laissa, et redoubla son amitié vis-à-vis de moi. Un jour, m'ayant suivi jusqu'à la glacière, tout au haut du parc, qui était l'endroit où il fallait le quitter, poursuivant ma route, pour aller aux bois d'Orangis, à une demi-lieue de là, je l'enfermai dans le parc ; il ne se vit pas plutôt séparé de moi, qu'il jeta des cris étranges ; je suivis cependant mon chemin, et j'étais environ au tiers de la route du bois, quand le bruit d'un gros vol me fit tourner la tête ; je vis mon Jacquot qui s'abattit à quatre pas de moi ; il me suivit dans tout le chemin, partie à pied, partie au vol, me devançant souvent, et s'arrêtant aux croisières des chemins, pour voir celui que je voulais prendre ; notre voyage dura ainsi depuis dix heures

Femelle.
Canard mâle.
Canard musqué.
Cane.
Canard.
Morillon.
Tadorne.
Garrot.
Pilet.
Chipeau.
Sarcelle de la Chine.
Sarcelle femelle
Sarcelle à queue épineuse.
Sarcelle Mâle.
Canard huppé.
Macreuse.

distinctives, dont l'une depuis long-temps privée se propage dans nos basse-cours en y formant une des plus utiles et des plus nombreuses
familles de nos volailles , et l'autre , sans doute
encore plus étendue , nous fuit constamment ,
se tient sur les eaux , ne fait, pour ainsi dire

du matin , jusqu'à huit heures du soir, sans que
mon compagnon eût manqué de me suivre dans
tous les détours du bois , et sans qu'il parût fati-
gué. Dès-lors , il se mit à me suivre et à m'accompagner partout , au point d'en venir importun , ne pouvant aller à aucun endroit, qu'il ne
fût sur mes pas, jusqu'à venir un jour me trouver dans l'église ; une autre fois , il me cherchait
dans le village ; en passant devant la croisée de
M. le Curé , il m'entendit parler dans sa chambre , et trouvant la porte de la cour ouverte , il
monta l'escalier , et , en entrant , fit un cri de
joie , qui fit grand peur à M. le Curé.

» Je m'afflige , en contant de si beaux traits
de mon ami Jacquot , quand je pense que c'est
moi qui ai rompu le premier une si belle amitié ;
mais il a fallu m'en séparer par force ; le pauvre
Jacquot croyait être libre dans les appartemens
les plus honnêtes, comme dans le sien, et après
plusieurs accidens de ce genre, on me l'enferma,
et je ne le vis plus ; mais son inquiétude a duré

que passer et reposer en hiver dans nos contrées et s'enfonce au printemps dans les régions du nord, pour y nicher sur les terres
les plus éloignées de l'empire de l'homme.

Le canard ordinaire est beaucoup plus petit que l'oie ; son corps est cendré ; son cou,
d'un vert doré, porte un collier blanc ; il a
les jambes courtes, et sa démarche est gênée ;
mais il nage avec une extrême facilité, et sur
l'eau ses mouvemens ont beaucoup de souplesse.
Le canard domestique aime à barboter dans
les eaux bourbeuses, pour y chercher les insectes et les vers, et il porte la voracité jusqu'au point de s'étrangler. La *cane* pond
quinze à vingt œufs dont la coque est épaisse,
et dont le jaune est rougeâtre et abondant. La

---

plus d'un an ; et il en a perdu la vie de chagrin,
il est devenu sec comme un morceau de bois,
suivant ce qu'on m'a dit, car je n'ai pas voulu
le voir, et l'on m'a caché sa mort jusqu'à plus de
deux mois, qu'il a été défunt. S'il fallait répéter
tous les traits d'amitié que ce pauvre Jacquot
m'a donnés, je ne finirais pas de quatre jours,
sans cesser d'écrire. Il est mort dans la troisième
année de son règne d'amitié ; il avait, en tout,
sept ans et deux mois. »

chair du canard est excellente. Le canard sauvage imite l'oie dans sa manière de voyager.

On connaît un grand nombre d'espèces de canards (*voyez* la planche 62). Le *canard musqué* est le plus gros de tous les canards connus ; il exhale une forte odeur de musc ; son plumage est d'un noir lustré de vert ; on le reconnaît facilement à la peau nue et rouge qui couvre ses joues ; il habite la Guyane. —Le *canard sifleur* ou *vingeon* est reconnoissable à sa voix claire et semblable au son d'un fifre ; il est plus petit que le canard commun ; son bec est bleu, son plumage agréablement varié. Il se trouve en Europe et en Amérique.— Le *chipeau* est de de la même taille que le vingeon ; son plumage n'est pas moins beau.—Le *souchet* est remarquable par son bec terminé en spatule ; le vert le plus riche, le bleu tendre et blanc, le vert bronzé nuancent son plumage. On le trouve en Europe et en Amérique. —Le *pilet* ou *canard à longue queue* a un plumage d'un gris tendre , ondé de traits noirs. Il habite nos climats. — La *tadorne* a le bec camus, le front comprimé , son plumage très-joli et varié de blanc , de noir et de jaune cannelle. On la trouve sur les rives maritimes de l'Europe et de l'Asie. La femelle niche quelquefois dans le terrier d'un lapin, mais plus souvent dans un trou qu'elle se creuse. Ses œufs sont couverts d'un léger duvet. —Le *garot* est un petit canard à plumage noir et blanc, remarquable par deux mouches blanches posées aux coins du bec.

— Le *morillon* est aussi un petit canard qui a le bec de couleur bleue et dont le plumage est rayé de noir et de blanc. — La *ma-creuse* a le corps entièrement noir ; elle mange des testacés dont elle rejette la coquille après l'avoir broyée. — Le *canard huppé* est le plus bel oiseau de son genre. Il est moins grand que le canard commun et habite l'Amérique ; on admire son aigrette composée de longues plumes blanches, vertes et violettes.

Les SARCELLES appartiennent au même genre, mais elles sont plus petites que les canards proprement dits. La *sarcelle commune* (pl. 62), est reconnaissable à la tache verte qui orne ses ailes et au trait blanc qui part de ses yeux. Son plumage est agréablement varié de noir, de gris et de blanc. —La *sarcelle de la Chine* (pl. 62) a sur la tête un magnifique panache vert et pourpre; deux éventails d'un roux-orangé, formés par l'extension des barbes de deux pennes rectrices, ornent sa queue ; le reste de son plumage est également nuancé de roux, de noir, de blanc et de rouge-orangé. La *sarcelle à queue épineuse* (pl. 62) se reconnaît aux plumes de sa queue, terminées par un petit filet roide comme une épine. Son plumage est noirâtre. Elle appartient à la Guyane.

LES PÉTRELS (pl. 63).

Famille des palmipèdes pinnipèdes.

De tous les oiseaux qui fréquentent les hautes mers, les pétrels paraissent être les plus hardis à se porter au loin. Pourvus de longues ailes, munis de pieds palmés, ils ajoutent à l'aisance et à la légèreté du vol, à la faculté de nager, la singulière faculté de courir et de marcher sur l'eau en soutenant leur corps par le battement de leurs ailes. Leur bec est articulé comme celui de l'albatros et paraît formé de quatre pièces. Lorsqu'on les attaque, la peur ou l'espoir de se défendre leur fait rendre l'huile dont ils ont l'estomac rempli ; ils la lancent au visage et aux yeux du chasseur.

Le PÉTREL CENDRÉ habite les mers du nord ;

il est de la grosseur d'une poule. — Le *pétrel blanc et noir*, appelé aussi *damier* à cause de la disposition des couleurs de son plumage noir et blanc est à-peu-près de la grosseur du pigeon. — Le *pétrel puffin* appartient à nos mers ; il est très-gros et se distingue des autres pétrels par sa mandibule inférieure qui, au lieu d'être droite, est courbée comme la supérieure. — Le *fulmar* est une espèce très-voisine de la précédente ; elles diffèrent entre elles en ce que le fulmar a le plumage d'un gris-blanc sur le dos, tandis que l'autre l'a d'un gris-bleuâtre. Il prend sa nourriture sur le dos des baleines vivantes ; il se nourrit aussi de cadavres d'animaux aquatiques. — *L'oiseau des tempétes* est le plus petit de tous les oiseaux palmipèdes : il n'est pas plus gros qu'un pinçon. A l'approche des orages il suit en troupe les vaisseaux ; ce pétrel est noir, avec le croupion blanc. Il est tranquille le jour et crie pendant la nuit ; il vit de poissons. Les habitans des îles du nord s'en servent au lieu de lampe, en lui passant dans la bouche ou dans l'anus une mèche entretenue par la graisse de son corps.

Pl. 63.
Oiseau de Tempête.
Pétrel Puffin.
Pétrel Cendré.
Fulmar.
Pétrel blanc et noir.
Macareux.
Guillemot.
Albatros.

L'ALBATROS.

Famille des palmipèdes brachyptères.

L'albatros est le plus gros des oiseaux d'eau; il a presque la corpulance d'un mouton. Il n'habite que les mers australes et se nourrit de petits animaux marins, de zoophites, d'œufs, et de frai de poissons; le fond de son plumage est blanc; il est rayé de noir sur le dos; il vole et nage également bien. Il dépose à terre de gros œufs dont le blanc ne se coagule pas au feu; il se defend vaillamment avec son bec; sa chair et dure.

LE GUILLEMOT.

Famille des Palmipèdes brachyptères, genre des Colymbes.

Le guillemot a des ailes si courtes et si étroites, qu'à peine peut-il fournir un vol faible au-dessus de la mer; lorsqu'il est poursuivi ou qu'il se sent blessé, il s'enfonce dans l'eau et même sous la glace. Il est de la grosseur du canard; son manteau est d'un gris cendré noirâtre; tout le devant du corps est d'un blanc de neige.

LES PINGOUINS.

Famille des Palmipèdes brachyptères, genre des Alques.

Les pingouins et les manchots paraissent faire la nuance entre les oiseaux et les poissons. En effet, ils ont, au lieu d'ailes, des ailerons, que l'on dirait couverts d'écailles plutôt que de plumes; ils ne peuvent presque ni voler, ni marcher : la mer est leur séjour habituel. — Le *pingouin ordinaire* (pl. 64) se trouve également dans les parties septentrionales de l'Amérique et de l'Europe; il est grand pêcheur de harengs, et se prend aux hameçons amorcés de ces poissons. — Le *grand pingouin* approche de l'oie pour la taille; il a la tête, le cou et tout le manteau d'un beau noir ; une grande tache blanche se marque entre le bec et l'œil. Il dépose un seul œuf dans les trous des rochers. — Le *macareux* (pl. 63) a un bec singulier. Qu'on se figure deux lames de couteau appliquées l'une contre l'autre par le tranchant ; il est court, et sillonné transversalement. La mandibule inférieure est bossue devant sa base. Cet oiseau habite le pôle arctique. Il se

Manchot Sauteur.
Grand Pingouin.
Pingouin femelle.
Pingouin.
Manchot à bec tronqué.
Manchot du Cap.
Grand ma

nourrit de vers et d'insectes. Il dépose sur la terre nue et dans des trous qu'il sait agrandir, un seul œuf très-gros, qne le mâle couve comme la femelle.

LES MANCHOTS.

Famille des Palmipèdes brachyptères, genre des Apténadytes.

Cet oiseau ne diffère guère du pingouin par sa couleur, ses mœurs, sa stupidité, sa démarche, ses œufs et son nid; ses ailes sont plutôt faites pour nager que pour voler; il n'a pas de rémiges, et c'est ce défaut qui le fait nommer manchot. On ne le trouve que dans les mers boréales. Ces oiseaux marchent en troupes sur la terre, et crient, comme les oies, avec une voix rauque. On en compte une douzaine d'espèces qui se distinguent par les couleurs. Les principales sont le *grand manchot*, le *manchot du Cap*, le *manchot sauteur*, et le *manchot à bec tronqué*. (Voyez la planche 64).

M. Forster observa des manchots sur la terre des États, où ils lui offrirent une petite scène ; » ils étaient endormis, dit-il, et leur sommeil est très-profond ; car le docteur Sparman tomba sur un qui roula à plusieurs verges sans s'éveiller ; pour le tirer de son assoupissement, on fut obligé de le secouer à différentes reprises ; enfin ils se levèrent en troupe ; quand ils virent que nous les entourions, ils prirent courage ; ils se précipitèrent avec violence sur nous et mordirent nos jambes et nos habits ; après en avoir laissé un grand nombre sur le champ de bataille qui paraissaient morts, nous poursuivîmes les autres ; mais les premiers se relevèrent tous et piétonnèrent gravement derrière nous. »

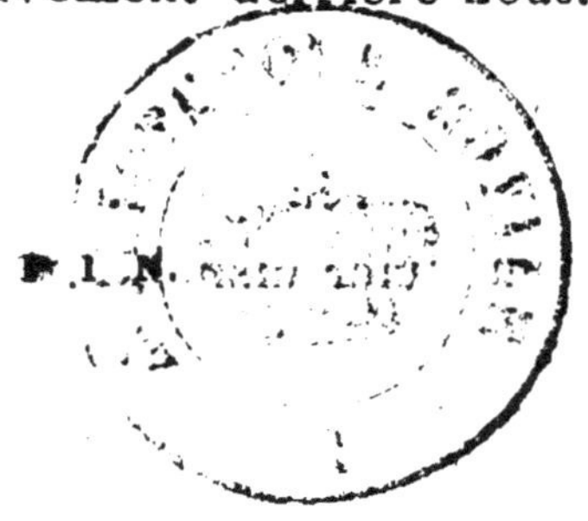

TABLE

ALPHABÉTIQUE

DU TOME SECOND.

Fin de la Table du Tome second.

De l'Imprimerie d'ABEL LANOE, rue de
la Harpe, n.° 78.